实用办公软件

(WPS Office)

主　编　　冯寿鹏

副主编　　郑寇全　孙燕明

西安电子科技大学出版社

内 容 简 介

　　本书基于国产办公软件 WPS Office，按照"模块化、任务式"形式组织内容，主要包括文字处理技术、数据处理技术、多媒体课件制作技术三大模块。本书图文并茂、通俗易懂、实践性强，学生通过实际训练，在熟练掌握办公软件基础上，应用能力和信息素养也会得到全面培养和提高。

　　本书可作为大专院校和职业技术院校学生的计算机基础教材，也可供广大计算机爱好者自学使用。

图书在版编目(CIP)数据

实用办公软件(WPS Office) / 冯寿鹏主编. —西安：西安电子科技大学出版社，2021.7
ISBN 978-7-5606-6083-7

Ⅰ. ①实…　Ⅱ. ①冯…　Ⅲ. ①办公自动化—应用软件—教材　Ⅳ. ①TP317.1

中国版本图书馆 CIP 数据核字(2021)第 124170 号

策划编辑　成　毅
责任编辑　成　毅
出版发行　西安电子科技大学出版社(西安市太白南路 2 号)
电　　话　(029)88242885　88201467　　　邮　　编　710071
网　　址　www.xduph.com　　　　　　　电子邮箱　xdupfxb001@163.com
经　　销　新华书店
印刷单位　陕西天意印务有限责任公司
版　　次　2021 年 7 月第 1 版　　2021 年 7 月第 1 次印刷
开　　本　787 毫米×1092 毫米　1/16　印 张　15.25
字　　数　362 千字
印　　数　1～1000 册
定　　价　37.00 元
ISBN 978-7-5606-6083-7 / TP

XDUP 6385001-1

如有印装问题可调换

前　言

伴随着人类迈入信息化时代，计算机技术以各种形式出现在社会生产、生活的各个领域，成为人们在经济活动、社会交往和日常生活中不可缺少的工具。自主可控是国家信息化建设的关键环节，是实现网络安全、信息安全的根本途径。目前办公软件 Microsoft Office 正逐步被 WPS Office 替代，通过学习与实践应用 WPS Office，不仅可以启发学生对先进科学技术的追求，激发学生的创新意识和爱国热情，提高学生的综合信息素养，更重要的是能够培养学生学习新知识的主动性和积极性以及运用计算机知识处理现实问题的思维方式。

本书根据教育部高等院校非计算机专业计算机基础教学指导委员会提出的"大学计算机基础教学基本要求"，结合职业技术教育对计算机应用能力的需求和编者多年来的教学实践编写而成。本书以"理论与实践并重，应试与技能兼顾"为原则，从实用、易用、管用出发，改变传统以知识点为主线的教学内容组织模式，按照"模块化、任务式"形式组织教学内容。全书包含文字处理技术、数据处理技术和多媒体课件制作技术三个模块，每个模块包含若干任务，每个任务采用【学习目标】→【相关知识】→【任务说明】→【任务实施】结构进行叙述，在部分任务中根据任务难易程度适时增加【课堂练习】来促进知识点的消化和巩固，增加【知识扩展】来实现知识的扩展和深化。全书思路清晰、层次清楚、选材新颖、图文并茂、通俗易懂、应用性强。

参与本书编写的作者，都是长期工作在计算机教学科研一线的计算机专业教师，具有丰富的教学经验。本书由冯寿鹏教授担任主编，郑寇全和孙燕明担任副主编，其中模块一由郑寇全和徐莎莎编写，模块二由冯寿鹏和杨娟编写，模块三由姜晨和孙燕明编写，杨娟、徐莎莎、姜晨等参与了本书内容的校对工作。冯寿鹏对全书内容进行了统稿。

本书在编写过程中得到了国防科技大学信息通信学院军事信息服务运用教研室全体同仁的支持和帮助，在此表示由衷的感谢。

限于作者水平，书中难免有不足之处，恳请广大读者批评指正。

编　者

2020 年 8 月

前 言

目　　录

模块一　文字处理技术 1

任务一　初识 WPS 文字 1

任务二　制作一份简历 8

任务三　制作一份公文 11

任务四　制作一份宣传简报 20

任务五　制作一张统计表 32

任务六　制作一份教案 46

任务七　邮件合并 57

习题 63

模块二　数据处理技术 66

任务一　初识 WPS Office 2019 表格工具 66

任务二　制作考核成绩统计表 78

任务三　制作士兵信息统计表 92

任务四　制作射击训练统计图表 107

任务五　制作学员体能考核成绩统计表 117

任务六　制作值班人员安排表 124

习题 132

模块三　多媒体课件制作技术 134

任务一　初识多媒体课件及 WPS 演示工具 134

任务二　制作《校园风景相册》演示文稿 150

任务三　制作《美丽的军营》演示文稿(一) 171

任务四　制作《美丽的军营》演示文稿(二) 185

任务五　为《我们在部队的日子》演示文稿设计模板 206

任务六　为《我们在部队的日子》演示文稿设置动画 214

任务七　发布和打印《我们在部队的日子》演示文稿 227

习题 236

参考文献 238

模块一　文字处理技术

在日常工作中，我们经常需要用计算机处理文字信息，如撰写通知、编辑文稿、编排论文等。要解决这类问题，目前最常用的就是 Word 文字处理软件和 WPS 文字软件。WPS 文字是金山软件股份有限公司的 Office 系列办公组件之一。它不仅能进行常规的文字编辑并编排各式公文，而且能编排出图文混排的精美文档，方便地设计出各类表格。

任务一　初识 WPS 文字

【学习目标】

(1) 了解 WPS 软件。
(2) 熟悉 WPS 2019 的工作界面。
(3) 掌握 WPS 2019 的基本操作方法。

【相关知识】

文字处理软件属于办公软件之一，是对文字进行录入、编辑和排版的软件，其中较专业的文字处理软件也可以进行表格制作和简单的图像处理。文字处理软件的发展和文字处理的电子化是信息社会发展的标志之一。现有的中文文字处理软件主要有微软公司的 Word、永中 Office 和以开源为准则的 OpenOffice 等。

1. WPS 文字

WPS Office 是由金山软件股份有限公司自主研发的一款办公软件，可以实现最常用的文字、表格、演示等多种功能。WPS 文字集编辑与打印为一体，具有丰富的全屏幕编辑功能，而且还提供了各种输出格式及打印功能，基本上能满足文字工作者编辑、打印各种文档的需要和要求。

2. Mircosoft Word

Microsoft Word 是微软公司的办公软件 Microsoft Office 的组件之一，是目前最流行的文字处理程序。作为 Office 套件的核心组件，Word 的功能非常强大，可以处理日常的办公文档，包括排版、处理数据和建立表格，还可以制作简单的网页，以及通过其他软件直接发传真或者发邮件等，能满足普通人的绝大部分日常办公的需求。

3. 永中 Office

永中 Office 是江苏永中软件股份有限公司推出的一款功能强大的办公软件。该产品在一套标准的用户界面上集成了文字处理、电子表格和简报制作三大应用。基于创新的数据对象储藏库专利技术,有效解决了 Office 各应用之间的数据集成共享问题,构成了一套独具特色的集成办公软件。永中 Office 易学易用、功能完备,可以满足广大用户对常规办公文档的制作需求,并且全面支持电子政务平台。

4. OpenOffice

OpenOffice 是一款跨平台的办公软件,它与各个主要的办公软件套件兼容。OpenOffice 是自由软件,任何人都可以免费下载、使用及推广。

这几款文字处理软件都很强大,从功能和兼容性角度考虑,我们在日常工作中经常用 WPS 代替原有的 Microsoft Word 来进行文档处理。

【任务说明】

在正式学习文档编辑、排版等操作之前,需要了解文字处理软件的一些知识:了解 WPS 的主要功能,并熟悉 WPS 2019 的基本界面;了解 WPS 文字的工作界面,并掌握其基本操作方法,为后面的文档编辑等复杂操作打好基础。

【任务实施】

1. WPS 概述

WPS 是 Word Processing System 的缩写,即文字处理系统,是我国具有自主知识产权的软件代表,自 1988 年诞生以来,WPS Office 经过不断变革、创新、拓展,现已在诸多行业和领域超越了同类产品,成为国内办公软件的首选。

WPS Office 是中国政府应用最广泛的办公软件之一,在国家新闻出版总署、外交部、工业与信息化部、科技部等中央政府单位中被广泛采购和应用。在国内所有省级政府办公软件的采购中,WPS Office 占据总采购量近三分之二,居国内外办公软件采购首位。WPS Office 在企业中应用也极其广泛,如中国工商银行、中国石油天然气集团公司、国家电网公司、鞍钢集团公司、中国核工业集团公司等,目前已实现在金融、电力、钢铁、能源等国家重点和骨干行业中全面领跑的局面。

2011 年,为顺应移动互联网大潮,金山办公软件开发了融合最新移动互联网技术的移动办公应用 WPS 移动版。截止到 2014 年 5 月,WPS for Android 的月活跃用户数量逾 4500 万,WPS for iPad/iPhone 的月活跃用户数量超过 300 万。WPS 移动版在上线短短的 3 年时间里,活跃用户数量已达有 26 年历史的 PC 版 WPS 用户数的三分之二。目前,WPS 移动版通过 Google Play 平台,已覆盖 50 多个国家和地区,WPS for Android 在应用排行榜上领先于微软及其他竞争对手,居同类应用之首。

1998 年 9 月开始,WPS 被列入国家计算机等级考试项目。人力资源和社会保障部人事职称考试、劳动和社会保障部职业技能鉴定考试、公务人员计算机考试都将 WPS Office 办公应用列入考试模块。

1) WPS 系统的文字处理

文字处理工作是办公室的主要工作之一，文字处理就是利用计算机处理文字工作，如常见的使用 WPS 制作文字文档就属于文字处理，其工作流程如图 1-1-1 所示。

图 1-1-1　文字处理一般流程

在文字处理软件中可任意输入中、英文，并对其进行相应的编辑操作，主要包括设置文本格式、复制、粘贴、查找与替换文本等，还可根据需要在文档中添加图片等对象，以增加文档的观赏性。

2) WPS 系统的数据处理

数据处理是信息处理的基础，它是指把来自科学研究、生产实践和社会活动等各个领域的原始数据，用一定的设备和手段，按一定的目的加工成另一种形式的数据。WPS 系统的数据处理就是利用计算机对数据进行收集、存储、加工、传播等一系列活动，其功能特点如下：

(1) 方便快捷的数据录入。电子表格可以完成数据的快速录入。在录入的过程中不仅能灵活地插入数据行或列，还能对有规律的数据实现自动生成，利用函数生成特定的基于数据表的数据并进行自动计算。

(2) 根据数据快速生成相关图形或图表。图形或图表能更好地表达数据的统计结果，使其一目了然。对于有数据的电子表格，可利用 WPS 强大的内嵌功能自由地选择模板生成图形或图表。当表格中的数据发生变化时，图形或图表也会发生相应的变化。

3) WPS 系统的图形图像处理

图形是指静态图形或影像，图像则是指随时间不断变化的动态图形。将信息转换成图形来描述，有助于用户理解复杂情况、加深印象、提高效率。

4) WPS 系统的通信功能

WPS 系统的通信功能实现了各个部门间的协同工作，与传统的办公系统相比，办公效率提高了许多。当工作人员远离办公室而又需要了解单位的某些数据时，可通过网络连接远程计算机，完成相关办公事宜。

2. WPS 启动

用鼠标双击桌面上的"WPS 2019"图标即可启动 WPS 2019 程序。如果桌面上没有 WPS 2019 的图标，可以在"开始"菜单中选择"所有程序"→"WPS Office"→"WPS 2019"命令来启动，如图 1-1-2 所示。WPS 启动后，界面如图 1-1-3 所示。

3. WPS 文件的管理

WPS 文件管理包括新建、打开和保存编辑过的文件。

图 1-1-2　启动 WPS 2019

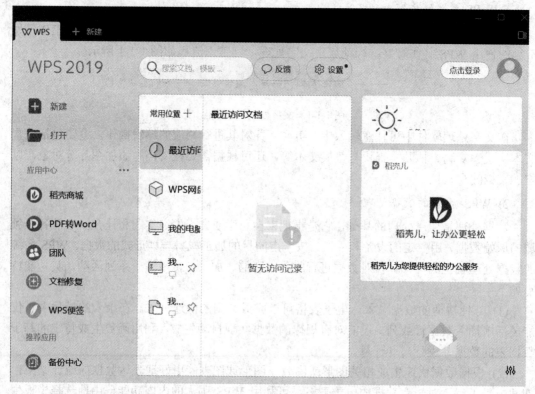

图 1-1-3　WPS 启动后界面

1) 新建空白文件

创建新文件有以下几种方法：

(1) 从文档标签栏的 ＋新建 中创建。

单击文档标签栏的 ＋新建，在打开的新建列表中选择"文字"，如图 1-1-4 所示。

图 1-1-4　新建列表

在"推荐模板"列表中选择"新建空白文档"选项，如图 1-1-5 所示。生成的新建空白文档如图 1-1-6 所示。

(2) 从任务窗格中创建。

选择图 1-1-3 左侧任务窗格中的"新建"命令，在弹出图 1-1-4 所示列表后创建空白文档。

(3) 通过"文件"菜单创建。

在已打开的文档窗口中，选择左侧"文件"命令，在弹出的菜单中选择"新建"命令，即可创建空白文档，如图 1-1-7 所示。

(4) 按组合键"Ctrl+N"创建。

在已打开的文档窗口中，按组合键"Ctrl+N"，即可创建空白文档。

图 1-1-5　"推荐模板"列表

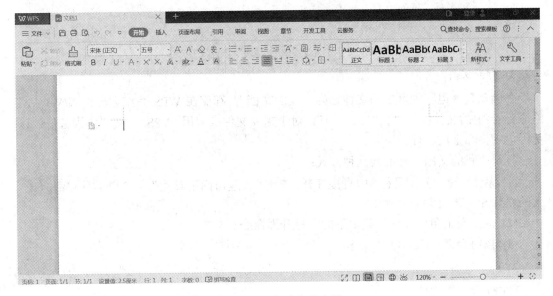

图 1-1-6　新建空白文档

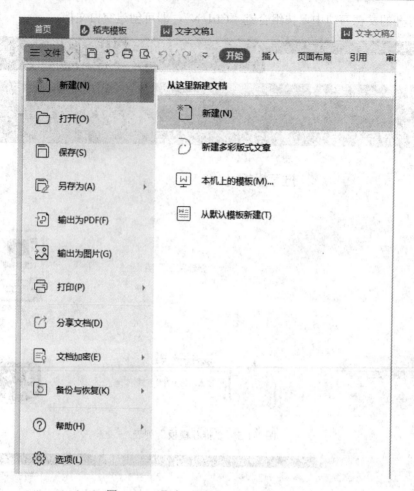

图 1-1-7 通过"文件"菜单创建文档

2) 打开文件

存储在个人电脑硬盘里的文件称为"我的文档";存储在 WPS 系统远程终端(WPS 网络服务器)中的文件称为"我的云文档"。对于重要文件,应用 WPS 云文档作为备份,以免因电脑损坏造成文件丢失。

打开"我的的文档"有下列几种方式:

(1) 从"快速访问工具栏"中直接打开。单击"快速访问工具栏" 🗋 🗁 🖺 🗐 🖨 🔍 🕤 · ⌒ · ⌄ 上的"打开"按钮 🗁。

(2) 选择左上角"文件"菜单下的"打开"命令。

(3) 按组合键"Ctrl+O"。

3) 保存文件

(1) 保存新建文件。

① 单击"快速访问工具栏" 🗋 🗁 🖺 🗐 🖨 🔍 🕤 · ⌒ · ⌄ 上的"保存"按钮 🖺,系统弹出"另存为"对话框,选择文件存放的相应位置(在对话框中设置盘符、路径、文件夹、文件名以及是我的文档还是我的云文档)和文件保存的类型,输入文件名后单击"保存"按钮,如图

1-1-8 所示。

　　② 选择窗口左上角的"文件"命令，在弹出的菜单中，选择"另存为"命令，在弹出的"另存为"对话框中，设置保存的位置和文件名即可，如图 1-1-8 所示。

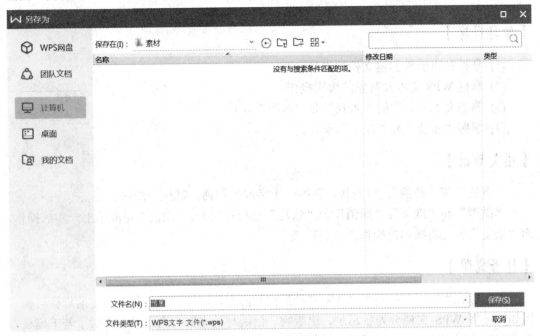

图 1-1-8　保存新文档

　　(2) 保存已有文件。若对已存盘的文档进行了修改，在不改变文件名及保存位置的情况下再次保存，可使用下列方法：

　　① 单击"快速访问"工具栏 上的"保存"按钮 。

　　② 选择左上角的"文件→保存"命令。

　　③ 按组合键"Ctrl+S"。

　　(3) 保存文件副本。若需以新的名字、新的格式保存已有文件，即保存文件副本，则选择左上角的"文件"→"另存为"命令(所谓"文件副本"即同一个文件的内容用不同的文件名和不同的文件格式存盘，文件名和该文件的内容是两个不同的概念)。

　　WPS 文字的扩展名是*.wps，因为 WPS 文字对微软公司 Microsoft Word 的兼容性，所以 WPS 文字的扩展名也可以使用*.doc 或者*.docx。

　　4) 关闭文件

　　关闭已打开或编辑过的文件的常用方法如下：

　　① 单击窗口右上角的"关闭"按钮 。

　　② 按组合键"Ctrl+F4"。

　　③ 单击文档标签右侧的"关闭"按钮 。

　　④ 右键单击文档标签，在弹出菜单中选择"关闭"命令。

任务二　制作一份简历

【学习目标】

(1) 掌握利用模板创建文档的方法。
(2) 掌握 WPS 文本及对象的编辑操作。
(3) 熟悉文本及对象的"查找"和"替换"操作。
(4) 掌握"撤消"和"恢复"操作。

【相关知识】

"查找"和"替换"：可查找、替换一个字或一句话，甚至一段内容。

"撤消"和"恢复"："撤消"和"恢复"是相对应的，"撤消"是取消上一步的操作，而"恢复"就是将撤消的操作再恢复回来。

【任务说明】

在实际应用中，对于各类 WPS 文档虽然其内容各不相同，但却有一定的规律可循。例如，可将 WPS 文档分为备忘录、出版物、信函与传真等。为此系统提供了若干模板以简化和加速用户的操作，同时还可以使用自己制作的模板进行操作。本任务主要学习使用模板创建 WPS 文档，利用已有的本机模板"黑领结简历"制作一份简历，任务完成后的最终效果如图 1-2-1 所示。

图 1-2-1　简历样文效果

【任务实施】

1. 启动WPS

单击屏幕左下角的"开始"按钮，在弹出的菜单中选择"所有程序"，在其展开的下一级菜单中用左键单击"WPS Office"，即可启动该软件。

2. 利用模板创建简历

模板是按照一定规范建立的文档，使用模板新建文档，可以快速创建具有一定格式和内容的文档，减轻用户的工作量。

使用模板创建"简历"文档的具体操作步骤如下：

(1) 单击工具栏中的"文件"菜单，选择"新建"命令，在弹出的列表中选择"本机上的模板"，弹出"模板"对话框，选择"常规"选项卡中的"黑领结简历"模板，在右侧的"新建"栏中选择"文档"单选项，然后单击"确定"按钮，如图1-2-2所示。

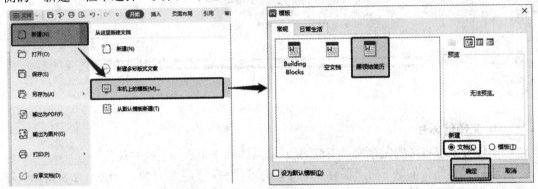

图1-2-2 利用本机模板创建文档

(2) 进入如图1-2-3所示界面后，可以根据提供的模板，输入简历内容。生成的文档如图1-2-4所示。

图1-2-3 "黑领结简历"模板

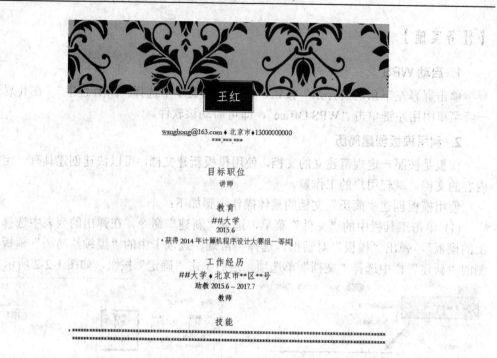

图 1-2-4　生成文档

3. 文档的保存

本任务要求将文档保存为"王红简历"。具体操作步骤如下：

选择"文件"菜单下的"保存"命令，打开"另存为"对话框，如图 1-2-5 所示。确定文档保存路径，然后在"文件名"文本框中输入文档名称"王红简历"，单击"保存"按钮，保存文档。

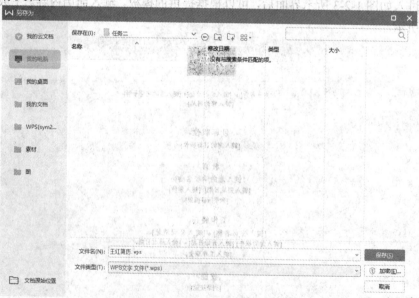

图 1-2-5　保存位置

4. 查找和替换

当用户需要在文档中找出某个多处用到的词并对其进行替换或更正时，用 WPS 提供的查找和替换功能进行操作比较方便。本任务要求在文档中将"##"替换为"清华"。具体操作步骤如下：

在当前打开的"王红简历"文档中，在"开始"选项卡功能区中单击"查找替换"按钮，在下拉列表中选择"替换"命令，在弹出的"查找和替换"对话框中输入需要替换的内容，如图 1-2-6 所示，单击"全部替换"按钮即可。

图 1-2-6 "查找和替换"对话框

5. 另存修改后的文档

如果将修改后的文档保存到其他位置或另取名字，不覆盖当前文档，那么需要用到"另存为"命令。本任务要求将修改后的文档在原路径下另存为新的文档"王红新简历"。具体操作步骤如下：

单击"文件"菜单下"另存为"命令，打开"另存为"对话框，选择文档的保存路径为原路径，在"文件名"文本框中输入"王红新简历"，单击"保存"按钮即可。

6. 退出 WPS

退出 WPS，主要有以下几种方法：
(1) 单击 "文件"菜单下的"退出"按钮。
(2) 单击标题栏右侧的"关闭"按钮。

任务三 制作一份公文

【学习目标】

(1) 掌握文本及特殊符号的输入、编辑等基本操作。
(2) 掌握字体、段落格式设置的基本方法。
(3) 掌握常用的中文版式命令。

【相关知识】

文本输入：文本是文字、符号、特殊字符和图形等内容的总称。如果想要输入文本，首先要选择汉字输入法。一般安装好 Windows 操作系统后，系统都会自带一些基本的输入法，如微软拼音和智能 ABC 等比较通用的输入法。此外，用户也可以自己安装如搜狗拼音等其他输入法。

字符格式：WPS 提供了很多中英文字体，使用不同的字体时显示效果也不同。用户可以根据需要或习惯设置字体。

段间距：段落之间距离。

行距：行和行之间的距离。

段落缩进：段落的缩进有首行缩进、左缩进、右缩进和悬挂缩进四种形式，标尺上有这几种缩进所对应的标记。

页面设置：主要包括修改页边距、设置纸张与版式、设置文档网格等。

中文版式：主要包括拼音指南、带圈字符、纵横混排、合并字符、双行合一等命令。

【任务说明】

办公室里经常会编辑各类公文，而在 WPS 文字中实现公文的编排又是办公人员所应具备的技能。下面我们通过公文制作这一任务来学习 WPS 文字处理的一些基本操作。

这份公文的效果如图 1-3-1 所示。

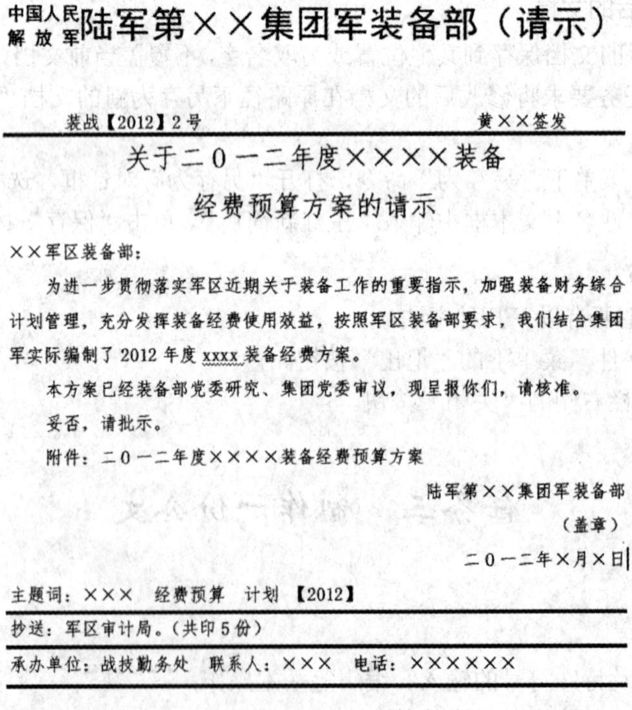
中国人民解放军陆军第××集团军装备部（请示）

装战【2012】2 号　　　　黄××签发

关于二〇一二年度××××装备

经费预算方案的请示

××军区装备部：

为进一步贯彻落实军区近期关于装备工作的重要指示，加强装备财务综合计划管理，充分发挥装备经费使用效益，按照军区装备部要求，我们结合集团军实际编制了 2012 年度 xxxx 装备经费方案。

本方案已经装备部党委研究、集团党委审议，现呈报你们，请核准。

妥否，请批示。

附件：二〇一二年度××××装备经费预算方案

陆军第××集团军装备部

（盖章）

二〇一二年×月×日

主题词：×××　经费预算　计划　【2012】

抄送：军区审计局。（共印 5 份）

承办单位：战技勤务处　联系人：×××　电话：××××××

图 1-3-1　公文效果

【任务实施】

1. 启动 WPS

单击屏幕左下角的"开始"按钮，在弹出的菜单中选择"程序"命令，然后选择"WPS Office"，启动该软件。在界面左侧选择"新建"命令，进入"新建"界面，如图 1-3-2 所示，选择上方的"文字"，并在"推荐模板"中选择"新建空白文档"。

图 1-3-2 "新建"界面

2. 输入和修改文字

正文编辑区中不断闪烁的小竖线是光标，它所在的位置称为插入点，输入的文字将会从那里出现。选择好输入法之后，输入公文的内容。输入"中国人民解放军陆军第××集团军装备部(请示)"，此时，光标位于最后一个字的后面。

在 WPS 中，按回车键是给文章分段。按回车键，光标移到了下一行，接着输入公文的正文，在需分段的地方按回车键。

如果有输错的文字，用鼠标在这个错别字前面单击，将光标定位到这个字的前面并按一下"Delete"键，或者在这个字后面单击并按一下"BackSpace"键，错别字就会被删掉。然后在光标处输入正确文字，这样就修改完成了。输入完文字的文档如图 1-3-3 所示。

3. 简单的文档排版

仅是将文字正确输入了还不够，制作编辑一份公文，还得进行简单的排版。

1) 选中文本

在对文字或段落进行操作之前，先要将其"选中"。"选中"是为了对一些特定的文字或段落进行操作而又不影响文章的其他部分。如果要选中第一行标题，就把鼠标箭头移到"中"字的前面，按下鼠标左键，向右拖动鼠标到"(请示)"的后面，再松开左键，这几个字就变成黑底白字了，表示该部分处于选中状态。

> 中国人民解放军陆军第××集团军装备部（请示）
>
> 装战【2012】2号 　　　　　　　　　黄××签发
>
> 关于二〇一二年度××××装备
>
> 经费预算方案的请示
>
> ××军区装备部：
>
> 为进一步贯彻落实军区近期关于装备工作的重要指示，加强装备财务综合计划管理，充分
>
> 发挥装备经费使用效益，按照军区装备部要求，我们结合集团军实际编制了2012年度××××
>
> 装备经费方案。
>
> 本方案已经装备部党委研究、集团党委审议，现呈报你们，请核准。
>
> 妥否，请批示。
>
> 附件：二〇一二年度××××装备经费预算方案
>
> 陆军第××集团军装备部
>
> （盖章）
>
> 二〇一二年×月×日
>
> 主题词：×××　经费预算　计划　【2012】
>
> 抄送：军区审计局。（共印5份）
>
> 承办单位：战技勤务处　联系人：×××　电话：××××××

图 1-3-3　公文内容

2) 设置字号

将标题"中国人民解放军陆军第××集团军装备部(请示)"的字号设为"小一"。选中标题后，单击"开始"选项卡，在功能区中选择 "字号"下拉列表框旁的下拉箭头，从里面选择"小一"，这几个字就变大了。

3) 设置字体

单击"字体"下拉列表框，弹出的下拉列表中列出了系统中所安装的字体，而且每种字体的字样也都一目了然。从列表中选择"黑体"，将标题文字设置为黑体字，如图 1-3-4 所示。

中国人民解放军陆军第××集团军装备部（请示）

装战【2012】2号 　　　　　　　　　黄××签发

关于二〇一二年度×××装备

图 1-3-4　设置字体、字号

同理，将"关于二〇一二年度××××装备""经费预算方案的请示"的字号设为"小二"，字体设为"仿宋"，其他内容的字号设置为"小四"，字体设置为"仿宋"。

4) 设置段落对齐

选中标题,在"开始"选项卡中单击"居中对齐"按钮,标题文字就居中对齐了。

同样,将光标分别定位在落款和日期所在行,再单击工具栏上的"右对齐"按钮,使其右对齐。

5) 设置首行缩进

通常写文章都应在每段前空两格,现在就调整中间这些段落,将其设置为首行缩进 2 字符。选中文档中部的正文段落,单击"开始"选项卡"段落"组右下角的"段落"按钮,在弹出的"段落"对话框中单击"特殊格式"的下拉箭头按钮,选择"首行缩进"命令,将右侧的"度量值"设置为"2 字符"即可,如图 1-3-5 所示。

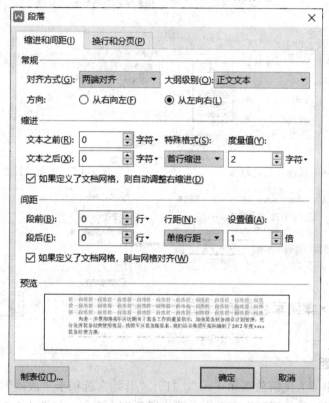

图 1-3-5 设置首行缩进

4. 设置页面格式

在"页面布局"选项卡的功能区中选择相应按钮,可对纸张的大小、方向、页边距等进行设置。也可打开"页面设置"对话框,在弹出的对话框中进行纸张的选择,如果选择纸型为"16 开",那么可以看到 16 开纸就是宽度为 18.4 厘米、高度为 26.02 厘米的纸张;同时,设置页边距"上""下""左""右"均为 2 厘米,如图 1-3-6 和图 1-3-7 所示。

5. 设置"双行合一"

选中标题"中国人民解放军",单击"开始"选项卡 "段落"组中的"中文版式"按钮,在展开的下一级菜单中选择"双行合一"命令,在弹出的对话框中出现"中国人民解放军"等文字,单击"确定"按钮,如图 1-3-8 所示。

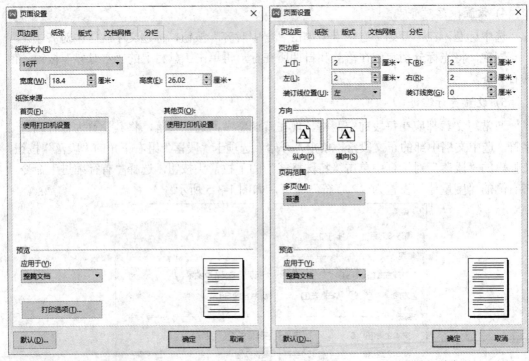

图 1-3-6　页面设置之纸张　　　　　　图 1-3-7　页面设置之页边距

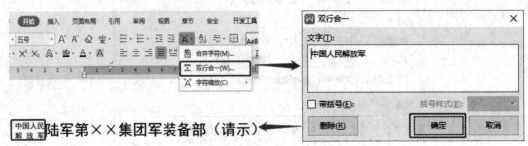

图 1-3-8　设置"双行合一"

6. 设置段间距

选中标题"中国人民解放军第……",打开"开始"选项卡"段落"组中的"段落"对话框,在"缩进"和"间距"页面中设置"段后"为 2 行,如图 1-3-9 所示。

7. 画线

在样文中"装战【2012】2 号"一行的下方有一条直线,这是 WPS 文字除了文字编辑功能外,提供的简单绘图功能实现的,可以通过鼠标选取某个图形按钮在文档中拖动画出,现在就来画一条简单的直线。

切换至"插入"选项卡,在功能区中单击"形状"按钮,在展开的各种形状中单击"直线"按钮,如图 1-3-10 所示。此时光标变成"十"字形,选中文档中某处然后向右拖拉就可画出一条直线。

选中直线,直线两端各出现一个圆点,此时可通过操作鼠标或键盘方向键改变直线位置,也可通过鼠标控制直线一端圆点,拖曳改变直线的长度和方向。在选中直线时,切换至"绘图工具"选项卡，单击"轮廓"右侧的下拉按钮，在列表中设置直线的颜色及线型，如图 1-3-11 所示。设置直线颜色为"红色"，线型为"2.25 磅"。效果如图 1-3-12 所示。

图 1-3-9　设置段间距

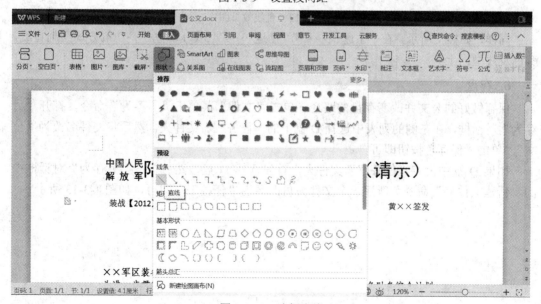

图 1-3-10　选择直线

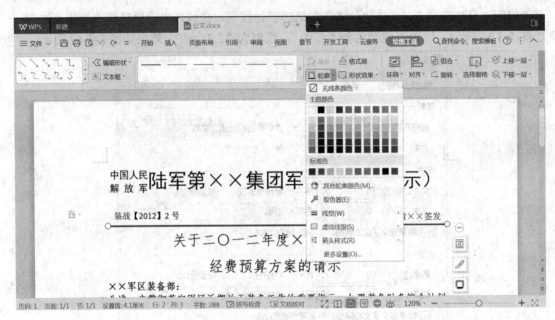

图 1-3-11　设置直线格式

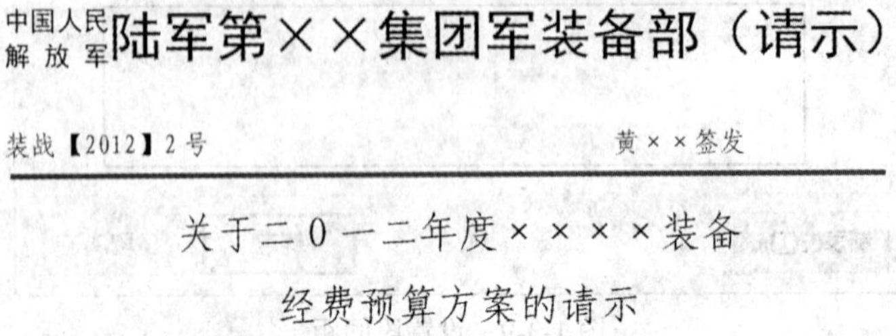

中国人民
解放军陆军第××集团军装备部（请示）

装战【2012】2 号　　　　　　　　　黄××签发

关于二〇一二年度××××装备

经费预算方案的请示

图 1-3-12　直线效果图

同样，如样文所示，在"主题词……""抄送……""承办单位……"下方均绘制直线，颜色及线型同上。

8. 存盘

保存做好的公文并改变存盘的路径。单击"文件"菜单下"另存为"命令，打开"另存为"对话框，在左侧的列表中选择 D 盘下的"任务三"文件夹，然后将文件名改为"公文"，单击"保存"按钮即可。

如果 D 盘中没有"任务三"文件夹，首先选择 D 盘，然后单击"另存为"对话框中的"新建文件夹"命令，新建一个文件夹再改名为"任务三"即可，如图 1-3-13 所示。

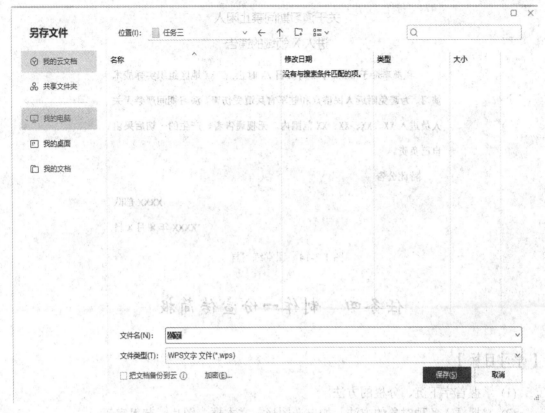

图 1-3-13　新建文件夹并存盘

【课堂练习】

目标：学习本任务后，学生应掌握文本的正确录入，并按照要求设置格式，从而提高办公效率。

准备工作：应知道基本概念、基本操作、文本的录入知识。

实验设置：安装好 WPS Office。

支撑资源：素材库的提供。

实验方案：分组进行。

实验估计的时间：1 课时。

实验内容：制作一份关于"关于演习期间禁止闲人进入×领域的通告"的公文。

要求：

(1) 设置字体：标题为黑体、小二、居中；其他内容为小四、宋体。

(2) 设置首行缩进：正文首行缩进 2 个字符。

(3) 设置行/段间距：设置标题与第一段段后距为 1 行；设置"特此通告"及其以下三行的行间距为 3 倍行距。

(4) 设置对齐：设置部门与时间右对齐。

设置效果如图 1-3-14 所示。

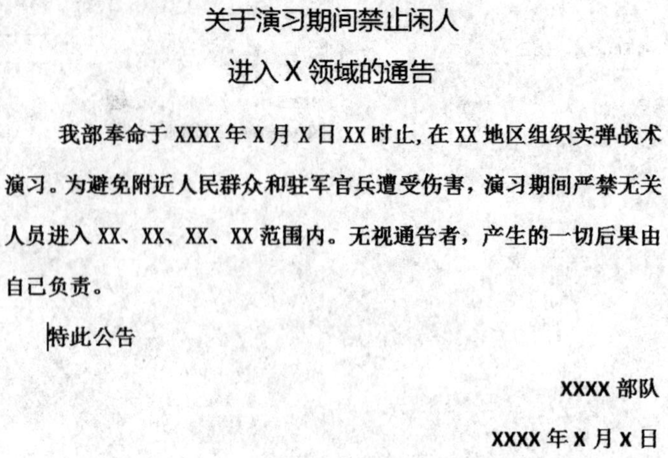

关于演习期间禁止闲人

进入 X 领域的通告

我部奉命于 XXXX 年 X 月 X 日 XX 时止，在 XX 地区组织实弹战术

演习。为避免附近人民群众和驻军官兵遭受伤害，演习期间严禁无关

人员进入 XX、XX、XX、XX 范围内。无视通告者，产生的一切后果由

自己负责。

　　特此公告

XXXX 部队

XXXX 年 X 月 X 日

图 1-3-14　课堂练习样文

任务四　　制作一份宣传简报

【学习目标】

(1) 掌握首字下沉、分栏的方法。

(2) 掌握插入各种对象的方法，如自选图形、文本框、图片、艺术字等。

(3) 掌握编辑对象的方法，如设置绕排方式和设置对象样式，包括填充、线条、阴影效果、三维效果等。

【相关知识】

插入图形主要包括插入图片、艺术字、自选图形等。用户可以方便地在文档中插入各种图片，例如 WPS 文字提供的剪贴画和图形文件(如 BMP，GIF，JPEG 等格式)。

在文档中插入图形之后，为了使图形与文本更加的融合，需要设置图形的一些属性，可通过选择图形属性中的"设置图形格式"来完成。

【任务说明】

宣传简报在军队生活中起到上通下联的作用。利用 WPS 文字制作一份精美的宣传简报是十分便捷的。本任务需完成的宣传简报的最终效果如图 1-4-1 所示。

【任务实施】

打开原文"任务四\宣传简报.docx"，在此文档中实现如下任务。

宣传简报

XX单位宣传部主办   XX年XX月XX日

某军区某集团军开展"千人百装"比武考核

XX 军区 XX 部队政治处干事 XX

掌勺的厨师、打针的护士、数钱的会计……这些后勤保障人员战场上的考验？近军组织开展后勤专业"千活动，检验后勤实战化保后勤综合保障水平，实践能够经受住炮火日，某军区某集团人百装"比武考核障能力，提升部队证明，他们真不赖！

笔者了解到该集团军针对后勤保障人员设置考核条件、突出信息化和专业知识的掌握运用，突出战时必需、平时必备的专业技能的"三个突出"的战场需求，采取普考与抽考、基本与专业等相结合的方式，对师旅至班排7个层级20类人员，7个专业34个课目，以比武亮相代替考核评定的思路推进后勤建设全面发展。

比武场战鼓雷动、士气高昂，若不知道是后勤比武还真以为是逐鹿前线战场，只见选手个个顽强拼搏、发扬了战必胜攻必克的英勇作风和斗湛的技能创造了所有比武课目优良率记录。奋勇争先，志，以精达100%的

图 1-4-1 "宣传简报"样文效果

1. 段落格式设置

操作要求：

(1) 简报头标题、正文标题、单位作者段后均设置1行，对齐方式均为居中。

(2) 设置正文对齐方式为"两端对齐"，段落间距段前、段后各0.5行。

(3) 行距固定值23磅。

(4) 各段首行缩进2个字符。

2. 字体设置

操作要求：

(1) 设置简报头标题"宣传简报"为"居中"，字体为"华文行楷"，字形为"加粗"，字号为"初号"，字体颜色为"红色"，文字效果为"阴影，外部，右下斜偏移"。

(2) 设置正文标题字体为"黑体"，字形为"加粗"，字号为"小二"，字体颜色为"黑色"。

(3) 设置单位作者字体为"楷体"，字形为"常规"，字号为"四号"，字体颜色为"深红"。

(4) 设置正文字体为"楷体"，字形为"常规"，字号为"四号"，字体颜色为"黑色"。

3. 首字下沉

操作要求：

设置正文首字位置为"下沉",下沉行数为"2",距正文"2.85 磅",其他设置默认。

操作步骤:

切换至"插入"选项卡,在功能中单击"首字下沉"命令,打开"首字下沉选项"对话框,设置"位置"为"下沉",在"下沉行数"微调控件选择"2",在"距正文"微调控件中输入"2.85",并单击右侧的下拉按钮,在列表中选择"磅",如图 1-4-2 所示。设置完成后,单击"确定"按钮,显示如图 1-4-3 所示效果。

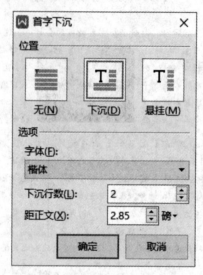

图 1-4-2　"首字下沉"对话框

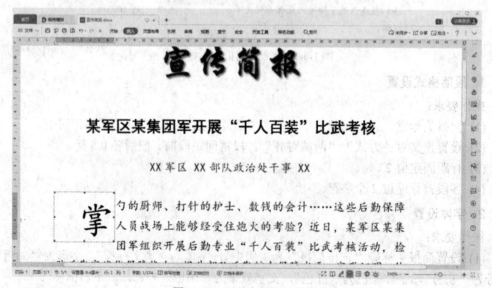

图 1-4-3　"首字下沉"效果

4. 分栏

操作要求:

给第二段文字分栏,要求栏数为"3",每栏宽度为"11.8 字符",要求有分割线。其他设置默认。

操作步骤：

(1) 选中第二段文字，切换至"页面布局"选项卡，在功能区中单击"分栏"命令，在弹出的菜单中单击"更多分栏"命令，打开如图 1-4-4 所示的"分栏"对话框，按照操作要求进行分栏设置。

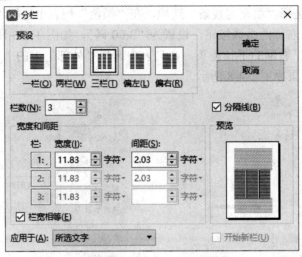

图 1-4-4 "分栏"对话框

(2) 单击"确定"按钮后，显示如图 1-4-5 所示分栏效果。

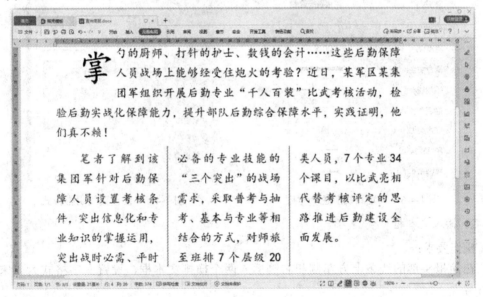

图 1-4-5 分栏效果

5. 插入对象

1) 插入自选图形

操作要求：

在简报头标题下画一条实线，线条颜色为"深红"，线条粗细为"3 磅"，阴影样式为"外部：左上斜偏移"。

操作步骤：

(1) 在"插入"选项卡中单击"形状"按钮，在打开的列表中选择"直线"按钮，将光标移动到简报头标题下方，这时光标呈"十"字形，拖曳鼠标，即可画出一条直线。

(2) 右键选中直线，在弹出的快捷菜单中选择"设置对象格式"命令，在窗口右侧出现"属性"窗格，选择"填充与线条"选项，在"颜色"列表中选择"标准色"中的"深红"，单击"宽度"右侧的微调按钮，设置为"3.00 磅"，如图 1-4-6 所示；选择"效果"选项，单击"阴影"右侧的下拉箭头，在列表中选择"外部"中的"左上斜偏移"，如图 1-4-7 所示。最终效果如图 1-4-8 所示。

 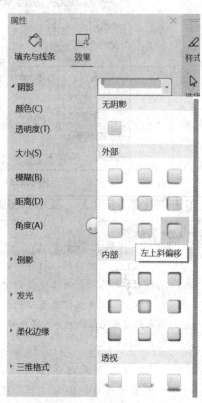

图 1-4-6　设置直线颜色、宽度　　　　　图 1-4-7　设置直线阴影样式

2) 插入文本框

操作要求：

在简报头部的线条上方左侧和右侧插入两个横排文本框，设置文字格式为"宋体""五号"。

操作步骤：

(1) 单击"插入"选项卡功能区中的"文本框"按钮，在其展开的列表中选择"横向"命令，插入预设格式的文本框。

(2) 将光标移动到直线左上侧，当光标变成"十"字形时，拖曳一个合适大小的文本框，在光标闪动处输入文字"××单位宣传部主办"。用同样的方法在直线右上侧插入文本框，输入"××年××月××日"。

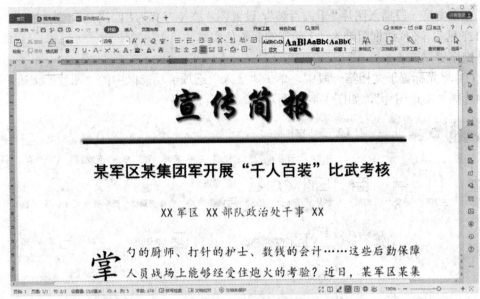

图 1-4-8 插入直线效果

(3) 选中两个文本框,在"开始"选项卡中设置字体为"宋体",字号为"五号"。

(4) 如果插入的文本框有边框,有填充色,可以选中文本框,切换至"绘图工具"选项卡,单击"填充"按钮,在列表中选择"无填充颜色";单击"轮廓"按钮,在列表中选择"无线条颜色"。

(5) 插入文本框的最终效果如图 1-4-9 所示。

图 1-4-9 插入文本框的最终效果

3) 插入图片

操作要求:

在正文第一段插入图片"千人百装",设置图片绕排方式为"四周型",图片大小为"95磅×125磅",图片边框粗细为"3磅"的深红色实线。

操作步骤:

(1) 将光标置于文档第一段中,单击"插入"选项卡功能区中的"图片"按钮,在列表中选择"本地图片",如图 1-4-10 所示。

图 1-4-10　插入图片命令

(2) 在打开的"插入图片"对话框中,选中"千人百装.jpg",单击"打开"按钮,如图 1-4-11 所示。

(3) 用鼠标右键单击图片,在弹出菜单中选择"其他布局选项",打开"布局"对话框,选择"大小"选项卡,取消"锁定纵横比"后,将"高度"绝对值设为"95磅","宽度"绝对值设为"125磅",如图 1-4-12 所示。选择"文字环绕"选项卡,设置"环绕方式"为"四周型",如图 1-4-13 所示,单击"确定"按钮。在"图片工具"选项卡功能区单击"图片轮廓"按钮,在列表中选择"标准色"中的"深红",选择"线型"列表中的"3磅",如图 1-4-14 所示。最终效果如图 1-4-15 所示。

图 1-4-11 查找插入图片

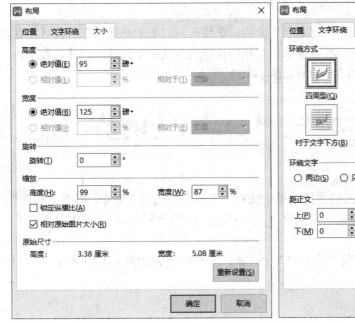

图 1-4-12 设置图片大小

图 1-4-13 设置图片环绕方式

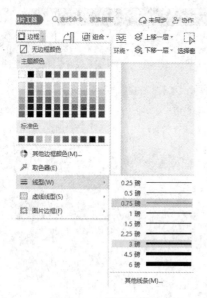

图 1-4-14 设置图片边框 　　　　　　图 1-4-15 插入图片最终效果

宣传简报

XX 单位宣传部主办　　　　　　XX 年 XX 月 XX 日

某军区某集团军开展"千人百装"比武考核

XX 军区 XX 部队政治处干事 XX

掌　勺的厨师、打针的护士、数钱的会计……这些后勤保障人员战场上的考验？近……军组织开展后勤专业"千……活动，检验后勤实战化保……后勤综合保障水平，实践……笔者了解到该必备的专业技能的……能够经受住炮火……日，某军区某集团……人百装"比武考核……障能力，提升部队……证明，他们真不赖！……类人员，7 个专业 34

4) 插入艺术字

操作要求：

插入艺术字，选择第三种样式，内容为"加油！"，字体为"华文琥珀"，字号为"36"，环绕方式为"紧密型环绕"。

操作步骤：

(1) 在"插入"选项卡中单击 "艺术字"按钮，在展开的列表中选择第三种样式，在文档中出现艺术字编辑框，如图 1-4-16 所示。在相应位置输入文字"加油！"，并设置字体为"华文琥珀"，设置字号为"36"，效果如图 1-4-17 所示。

动、士气高昂，若不知道是后勤比武还真以为是逐选手个个……请在此放置您的文字……攻必……志，以精湛的技能创造了所有比武课目优……率达

气高昂，若不知道是后勤比武还真以为是逐个顽强拼搏……发场了战……胜攻必人精湛的技能……

……课目……良率达

图 1-4-16 艺术字编辑框 　　　　　　图 1-4-17 插入艺术字

(2) 右键单击艺术字，在弹出的快捷菜单中选择"其他布局选项"命令，打开"布局"对话框，切换到"文字环绕"选项卡，选择"文字环绕"中的"紧密型"，单击"确定"按钮，如图 1-4-18 所示。

(3) 将设置好的艺术字移动到文档中的合适位置，其最终效果如图 1-4-19 所示。

6. 背景水印

操作要求：

文档背景设置为图片水印"五星"。

操作步骤：

(1) 切换至"页面布局"选项卡，单击"背景"按钮，在下拉列表中选择"水印"命令，展开水印列表，在该列表中选择"插入水印"命令，打开如图 1-4-20 所示的"水印"对话框。

图 1-4-18　设置艺术字"环绕方式"　　　　　图 1-4-19　插入艺术字最终效果

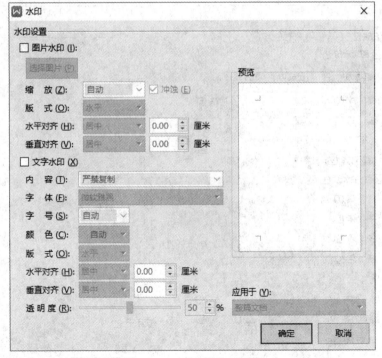

图 1-4-20　"水印"对话框

(2) 选中"图片水印"复选按钮，然后单击"选择图片"按钮，打开"选择图片"对话框，选中"五星.jpg"，然后单击"打开"按钮，如图 1-4-21 所示。这时，在"水印"对话框中显示了"已成功添加图片"，如图 1-4-22 所示，单击"确定"按钮，水印设置完毕。

图 1-4-21 "选择图片"对话框

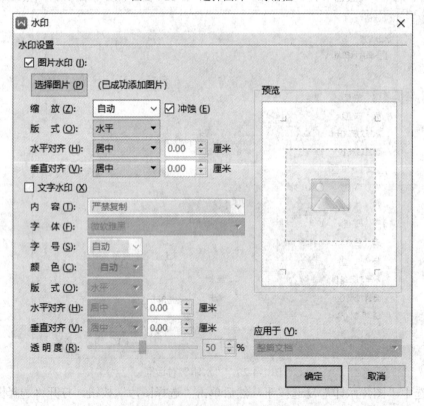

图 1-4-22 成功选择水印图片对话框

(3) 设置完成后，最终效果如图 1-4-23 所示。

宣传简报

XX单位宣传部主办　　　　　　　　XX年XX月XX日

某军区某集团军开展"千人百装"比武考核

XX 军区 XX 部队政治处干事 XX

掌勺的厨师、打针的护士、数钱的会计……这些后勤保障人员战场上能够经受住炮火的考验？近日，某军区某集团军组织开展后勤专业"千人百装"比武考核活动，检验后勤实战化保障能力，提升部队后勤综合保障水平，实践证明，他们真不赖！

笔者了解到该集团军针对后勤保障人员设置考核条件，突出信息化和专业知识的掌握运用，突出战时必需、平时必备的专业技能的"三个突出"的战场需求，采取普考与抽考、基本与专业等相结合的方式，对师旅至班排7个层级20关人员，7个专业34个课目，以比武亮相代替考核评定的思路推进后勤建设全面发展。

比武场战鼓雷动、士气高昂，若不知道是后勤比武还真以为是逐鹿前线战场，只见选手个个顽强拼搏，发扬了战必胜攻必克的英勇作风和斗溢的技能创造了所有比武课目优良率记录。奋勇争先，志，以精达100%的。

加油！

图 1-4-23　添加背景"水印"的最终效果

7. 保存文档

单击"文件"菜单中的"保存"命令或单击快速访问工具栏中的"保存"按钮，保存文档。

【课堂练习】

练习任务：图文框制作——母难日。

新建文档，按下列要求创建、设置文本框的格式，并保存为"母难日.wps"。

操作要求：

(1) 创建文本框。插入一个竖向文本框，宽度为"19 厘米"，高度为"7 厘米"。

(2) 设置文本框格式。填充双色效果为"白色和橙色"；线型为"由细到粗""4.5 磅"，颜色为"橙色"。

(3) 文字修饰。标题为"隶书""三号"；作者姓名为"隶书""五号"；正文为"方正姚体""小三号"；字体颜色为"绿色"。

(4) 制作相框。先画一个椭圆(在样文所示位置)，填充效果为图片，并将图片"水平翻转"，图片路径为"任务四\余光中.jpg"；椭圆线型为"2.25 磅"实线，颜色为"绿色"。

(5) 叠放次序。将相框的叠放次序置于顶层。

(6) 三维效果。在文本框中添加自选图形"星与旗帜"→"十字星",轮廓颜色为"绿色",填充颜色为"浅绿",阴影效果为"左上斜偏移",距离为"20磅"。

(7) 图文组合。将相框和文本框组合为一整体。"样文"如图1-4-24所示。

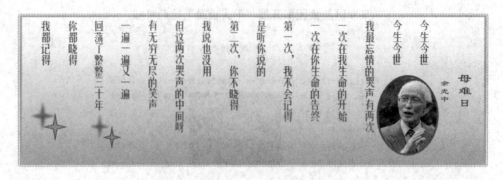

图1-4-24　样文

任务五　制作一张统计表

【学习目标】

(1) 掌握创建表格的方法。

(2) 掌握编辑、调整与修饰表格的方法。

(3) 掌握表格数据的计算方法。

【相关知识】

在 WPS 文字中,提供了较强的表格处理功能,可以方便地创建、修改表格,还可以对表格中的数据进行计算、排序等处理。WPS 文字中的表格由若干行和若干列组成,行和列交叉的部分叫做单元格。单元格是表格的基本单位。表格在日常办公中使用极为广泛,是 WPS 文字使用中应该掌握的基本操作。在创建好表格以后,下一步操作就是向表格中输入文本了。在表格中输入文本的方法和在文档中输入正文的方法一样,只要将插入点定位在要输入文本的单元格中,然后输入文本即可。在完成表格内容输入后,就可以通过表格属性对表格进行编辑、调整、修饰。在 WPS 文字中,可以对表格中的数据进行计算,还可以进行排序等操作。要对表格中数据进行操作,先要了解单元格的表示法。表格中的列依次用英文字母 A,B,C,……表示,表格中的行依次用数字 1,2,3,……表示。某个单元格则用其对应的列号和行号表示。

【任务说明】

某学院每年都有一定的开支统计,可以通过 WPS 文字中的表格表示该年的年度支出,并利用图表更加详细的显示支出情况。利用 WPS 文字制作学院年度办公开支统计表的最终效果如图1-5-1所示。

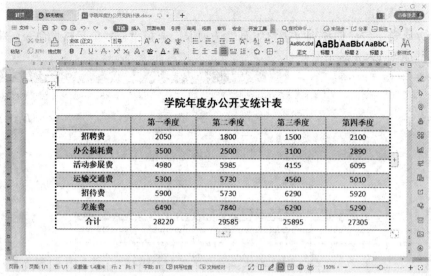

图 1-5-1 统计表的最终效果

【任务实施】

1. 插入并输入表格内容

1) 设置页面尺寸

新建文档，切换到"页面布局"选项卡，单击"页面设置"按钮。在打开的"页面设置"对话框中，将"纸张大小"设为"16 开"，将页边距均设为 1.5 厘米后，单击"确定"按钮，返回文档中。

2) 插入表格

切换到"插入"选项卡，单击"表格"下拉按钮中的"插入表格"命令，在打开的"插入表格"对话框中，设置"列数"为"5"，"行数"为"9"，如图 1-5-2 所示，单击"确定"后，即可在文档中插入一个 9 行 5 列的表格，如图 1-5-3 所示。如果插入的表格列数小于等于 17，行数小于等于 8，还可以直接在"表格"下拉按钮中选择插入。

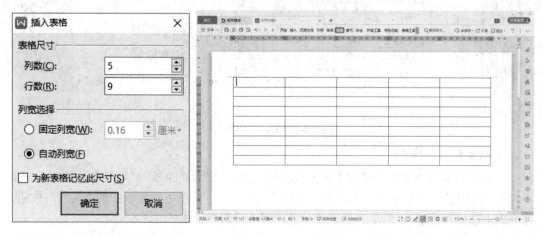

图 1-5-2 "插入表格"对话框   图 1-5-3 插入表格

3) 合并标题行

选中表格第一行，切换到"表格工具"选项卡，选择"合并单元格"命令，将表格第一行合并，如图 1-5-4 所示。

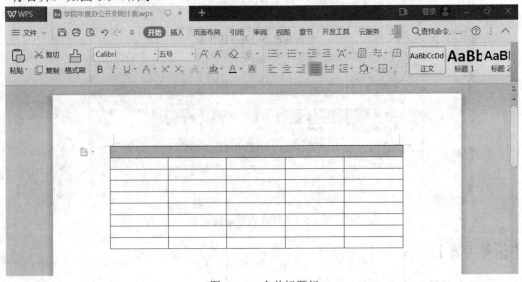

图 1-5-4　合并标题行

4) 输入表格内容

将光标定位至相应的单元格内，输入表格内容，如图 1-5-5 所示。

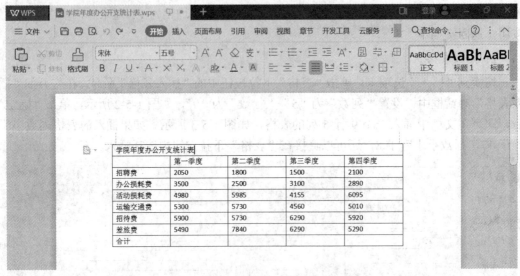

图 1-5-5　输入表格内容

5) 设置标题行格式

将标题文本的"字体"设为"黑体"，将"字号"设为"四号"，并将其设置为水平居中显示。选中第一行单元格，切换到"表格样式"选项卡，单击功能区中的"底纹"按钮，在列表中选择"浅绿"，将单元格底纹颜色设置为浅绿色，如图 1-5-6 所示。

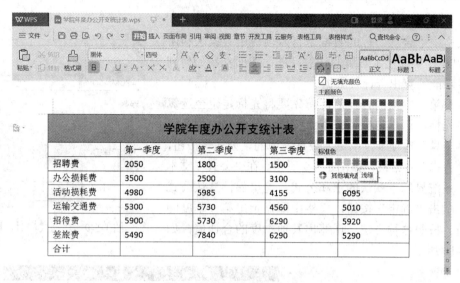

图 1-5-6　设置标题行格式

6) 设置表格文本格式

按照同样的操作，对表格文本内容的格式进行设置。文字全部居中，表头文字加粗，如图 1-5-7 所示。

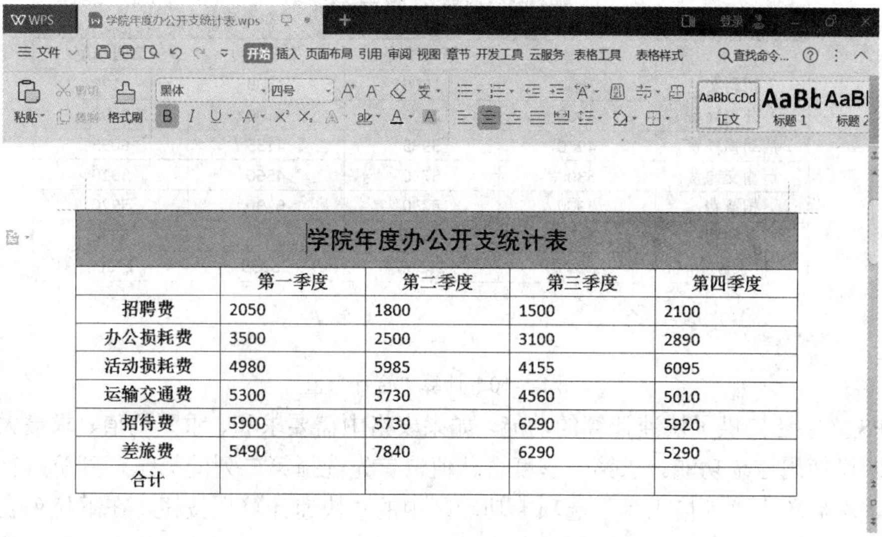

图 1-5-7　设置表格文本格式

7) 设置表格行高、列宽

选中表格，切换至"表格工具—布局"选项卡，单击"高度"微调按钮，调整好表格的行高，如图 1-5-8 所示。同理可设置表格的列宽。

图 1-5-8　设置表格行高、列宽

2. 计算合计值

表格中"合计"行的数据是将六项费用数据求和所得，WPS 文字提供了常用的计算功能，下面介绍如何利用计算功能计算出合计行数据。

计算第一季度的合计值，首先要将光标定位至运算结果单元格，这里将定位在第二列末尾单元格；切换到"表格工具"选项卡，单击"数据"中的"公式"按钮，打开"公式"对话框，如图 1-5-9 所示。在"公式"文本框中，系统显示了默认的求和公式，这里保持默认公式不变，单击"确定"按钮，表格中即显示出第一季度的合计值。按照这种方法，计算出其他季度的合计值，如图 1-5-10 所示。

图 1-5-9　"公式"对话框

学院年度办公开支统计表

	第一季度	第二季度	第三季度	第四季度
招聘费	2050	1800	1500	2100
办公损耗费	3500	2500	3100	2890
活动损耗费	4980	5985	4155	6095
运输交通费	5300	5730	4560	5010
招待费	5900	5730	6290	5920
差旅费	5490	7840	6290	5290
合计	27220	29585	25895	27305

图 1-5-10　计算"合计"值

WPS 文字还提供了快速计算的功能，如果表格中需要求和、求平均值、求最大值和最小值，即可使用这个功能。求第一季度合计值，首先选择第二列的第三行到第八行这六个单元格，然后单击"表格工具"选项卡功能区中的"快速计算"按钮，在下拉列表中选择"求和"命令，在"合计"行的第二列单元格中会出现第一季度的合计值。其他季度的合计值可以用同样的操作方法来实现。

3. 美化表格

1) 设置表格颜色

给表格中的表头部分设置浅蓝色底纹，操作过程是：选择第二行，切换到"表格样式"选项卡，单击"底纹"按钮，在列表中选择"浅蓝"，如图 1-5-11 所示。用同样的方法设置第一列的底纹，结果如图 1-5-12 所示。

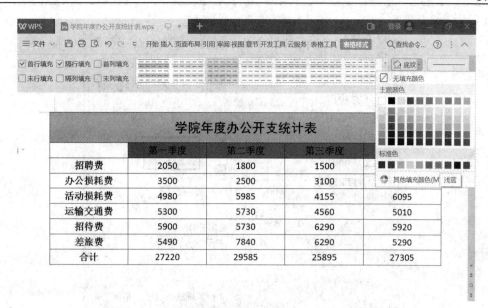

图 1-5-11 设置表头颜色

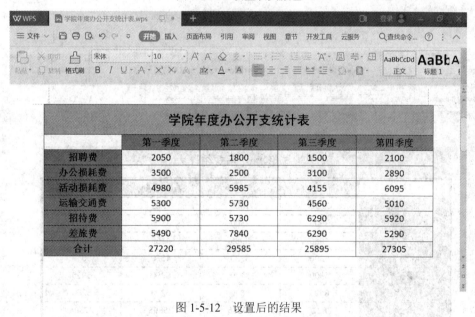

图 1-5-12 设置后的结果

2) 设置表格框线

将表格的外框线设置为"2.25 磅"的上粗下细线，内框线设置为"1 磅"的虚线。操作过程是：选中表格，切换至"表格样式"选项卡，单击"边框"按钮，在下拉列表中选择"边框和底纹"命令，打开"边框和底纹"对话框，在"边框"选项卡中进行设置；在"线型"列表中选择"上粗下细线"，在宽度中选择"2.25 磅"，然后在"预览"处，单击外框按钮，设置外框线；用同样的方式，选择"虚线""1 磅"，然后在"预览"处，单击内框按钮，设置内框线，如图 1-5-13 所示。单击"确定"按钮，即可查看设置好的表格线型样式，如图 1-5-14 所示。

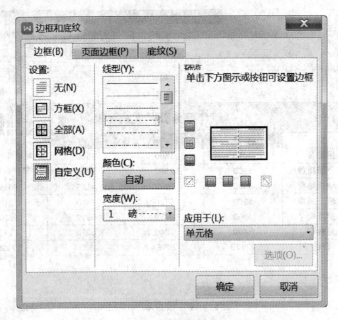

图 1-5-13　"边框和底纹"对话框

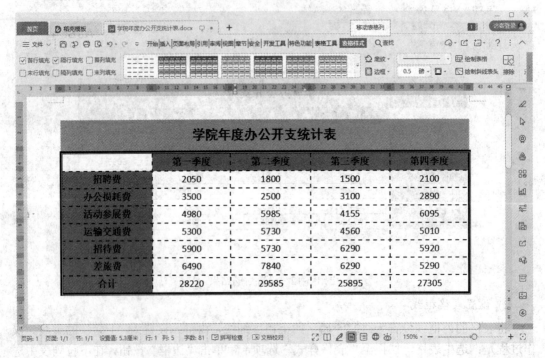

图 1-5-14　设置后的结果

3）内置表格样式设置

　　全选表格，切换至"表格样式"选项卡，单击"预设样式"下拉按钮，选择合适的表格样式。在列表中选择第三行第三列样式，如图 1-5-15 所示。设置后的效果如图 1-5-16 所示。

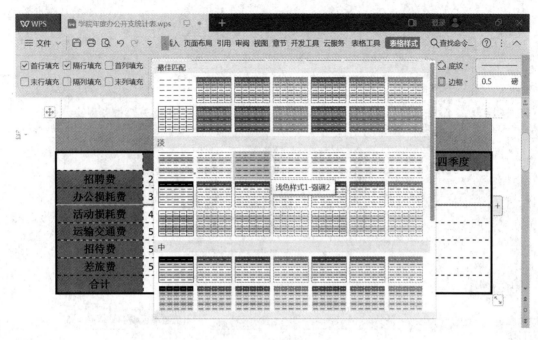

图 1-5-15 表格样式列表

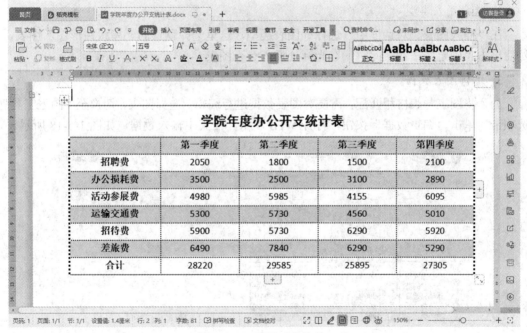

图 1-5-16 设置后的效果

4. 插入图表

1) 启用"图表"功能

将光标定位至图表插入点，切换到"插入"选项卡，单击"图表"按钮，打开"插入图表"对话框，如图 1-5-17 所示。

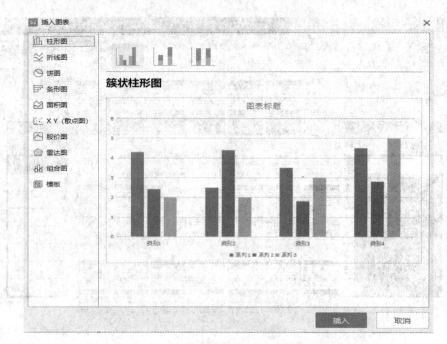

图 1-5-17　"插入图表"对话框

2) 选择图表类型

在"插入图表"对话框中，选择好图表类型，这里选择默认的"簇状柱形图"图表，然后单击"确定"按钮。此时，在光标处插入一个图表。

3) 编辑图表数据

为了将图表与表格相匹配，需要对图表数据进行编辑。选择图表，切换至"图表工具"选项卡，单击"编辑数据"按钮，打开 WPS 表格，在其中输入数据，如图 1-5-18 所示。

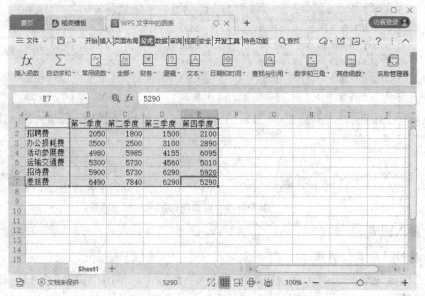

图 1-5-18　输入表格数据

4) 插入图表

输入完毕后，关闭 WPS 表格工作表，此时在 WPS 文本文档中则可显示插入的图表效果，如图 1-5-19 所示。

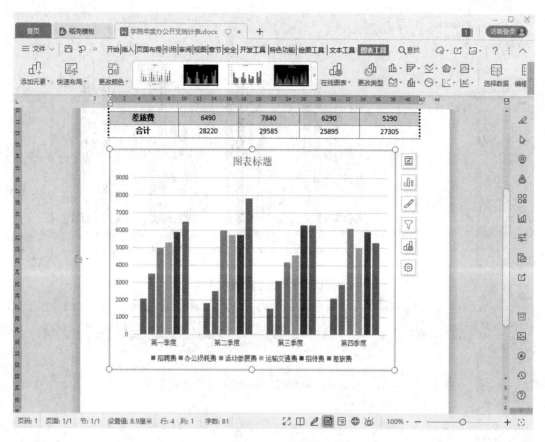

图 1-5-19　插入图表的效果

5) 调整图表大小

选中图表，将光标移至该图表四个控制点的任意一个上，按住鼠标左键拖动该控制点至满意位置放开鼠标，即可调整其大小。

5. 修饰图表

1) 添加图表标题

切换到"图表工具"选项卡，单击 "添加元素"按钮，在下拉列表中选择"图表标题"命令，在弹出菜单中选择"图表上方"选项，如图 1-5-20 所示。在图表上方出现图表标题文本框，单击标题文本框，输入图表的标题文本，完成输入后单击图表任意空白处，效果如图 1-5-21 所示。

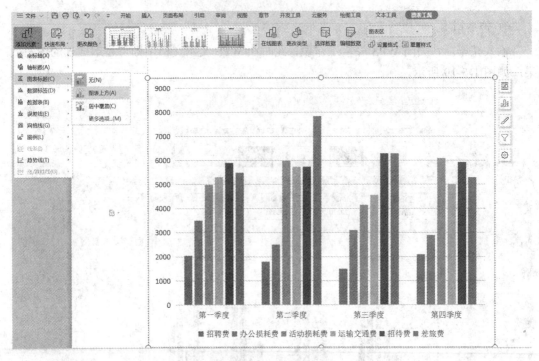

图 1-5-20　插入图表标题

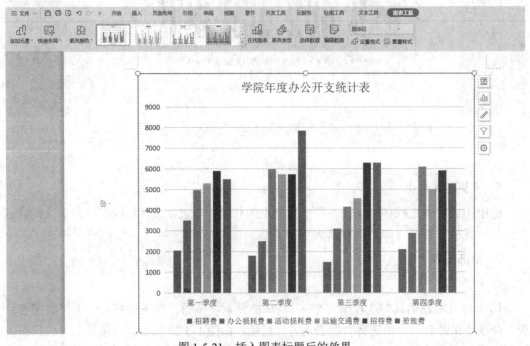

图 1-5-21　插入图表标题后的效果

2) 添加数据标签

在"添加元素"下拉列表中选择"数据标签"命令，在弹出菜单中选择"数据标签外"选项，如图 1-5-22 所示。最终效果如图 1-5-23 所示。

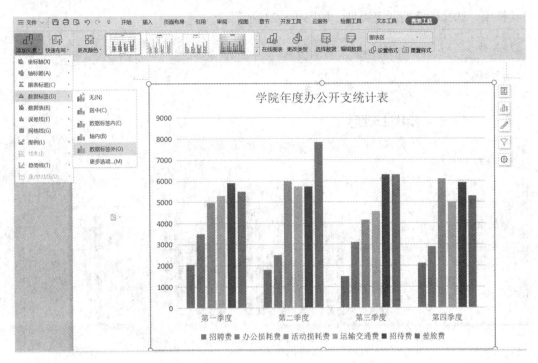

图 1-5-22 添加数据标签

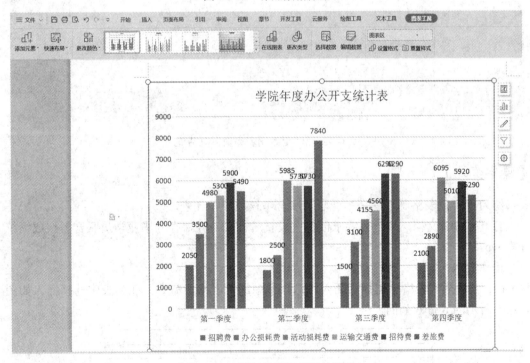

图 1-5-23 添加数据标签后的效果

3) 更改图表样式

若想对当前图表样式进行更改,可单击"更改类型"按钮,在打开的"更改图表类型"

对话框中，选择满意的图表类型，如图 1-5-24 所示。

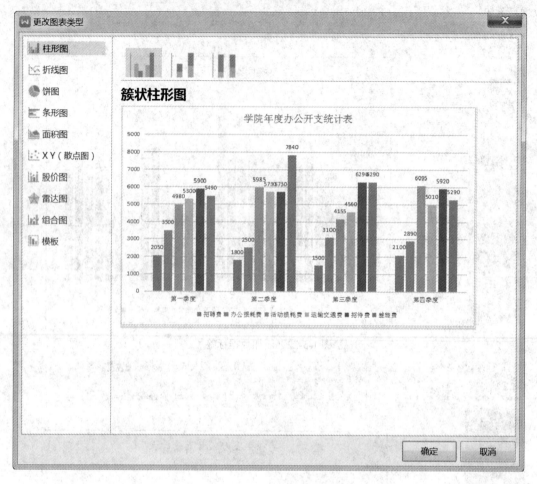

图 1-5-24　"更改图表类型"对话框

【课堂练习】

练习内容：表格制作——毕业学员联合考核成绩统计表。

打开 WPS 文档，按下列要求创建、设置统计表，并保存为毕业学员联合考核成绩统计表.wps。

操作要求：

(1) 自动插入表格。选择"插入"选项卡中的"表格"命令，在列表中选择插入如图 1-5-25 所示的 6 行 6 列的表格。

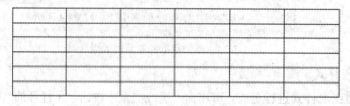

图 1-5-25　空白表格

(2) 合并单元格。合并 A1 和 A2 单元格、D1 和 E1 单元格，如图 1-5-26 所示。

图 1-5-26 合并单元格

(3) 制作表头。利用"表格样式"选项卡中的"绘制斜线表头"命令绘制斜线表头，并输入行标题为"级别"，列标题为"队别"，字体大小为"五号"，如图 1-5-27 所示。

图 1-5-27 绘制斜线表头

(4) 输入表的标题和表内容(注意输入特殊字符)，如图 1-5-28 所示。

XX 学联 XX 届毕业学员联合考核成绩统计

考核项目：5000 米跑

级别\队别	优秀	良好	及格		不及格
	≤19′	≤21′	21′01″-22′00″	22′01″-23′00″	>23′
六队	1 人	19 人	44 人	56 人	4 人
七队	2 人	22 人	35 人	74 人	4 人
八队	3 人	49 人	50 人	19 人	7 人
总 计					

图 1-5-28 输入表标题和内容

(5) 设置表格标题为"四号""黑体""居中"；设置单元格文字对齐方式为"居中"；设置表格第 1、2 行第 1 列的标题字体加粗。

(6) 表格边框和底纹。全选表格，在"边框和底纹"对话框中进行设置。表格外边框：线型为"双线"，颜色为"深蓝"，宽度为"1.5 磅"，单击表格外边框按钮。表格内单元格边框：线型为"单线"，颜色为"黑色"，宽度为"1 磅"，单击表格内边框按钮。底纹：选中表格第 1 行，设置单元格底纹为"标准色-深绿"，字体颜色为"黄色"；选中表格第 2 行，设置单元格底纹为"标准色-浅绿"；选中表格第 3、4、5 行，设置单元格底纹为"浅绿，着色 6，浅色 80%"；选中表格第 6 行，设置单元格底纹为"巧克力黄，着色 2，浅色 80%"，如图 1-5-29 所示。

XX 学联 XX 届毕业学员联合考核成绩统计

考核项目：5000 米跑

级\队别	优秀	良好	及格		不及格
	≤19′	≤21′	21′01″-22′00″	22′01″-23′00″	>23′
六队	1 人	19 人	44 人	56 人	4 人
七队	2 人	22 人	35 人	74 人	4 人
八队	3 人	49 人	50 人	19 人	7 人
总 计					

图 1-5-29 编辑、修饰表格

(7) 插入公式。在表格 B6 到 F6 单元格分别插入求和公式，如 B6 单元格中插入公式 "=sum(B3:B5)"。

(8) 保存表格。

【知识扩展】

1. 将文本转换成表格

在 WPS 文字中，将需要转换成表格的文本用 "段落标记""逗号""制表符" 等隔开，其转换的具体操作步骤如下：

(1) 在文本中将要划分列的位置插入特定的分隔符后并选定。

(2) 单击 "插入" 选项卡中的 "表格" 按钮，在下拉菜单中选择 "文本转换成表格" 命令，弹出如图 1-5-30 所示的 "将文字转换成表格" 对话框。

(3) 在 "表格尺寸" 区域中的 "列数" 微调框中输入转换后得列数，在 "文字分隔位置" 区域中选中所用的分隔符单选按钮。

(4) 单击 "确定" 按钮即可。

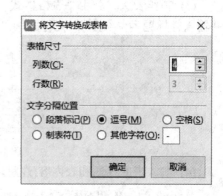

图 1-5-30　　 "将文字转换成表格" 对话框

2. 将表格转换成文本

将表格转换成文本的具体操作步骤如下：

(1) 选定要转换为文本的表格。

(2) 选择 "表格工具" 选项卡中的 "转换成文本" 命令，弹出 "表格转换成文本" 对话框，如图 1-5-31 所示。

(3) 在 "文字分隔符" 区域中，选择所需要的字符作为替代列表框的分隔符。

(4) 单击 "确定" 按钮即可。

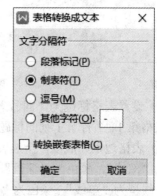

图 1-5-31　　 "表格转换成文本" 对话框

任务六　制作一份教案

【学习目标】

(1) 掌握设置样式和格式的方法。

(2) 学会使用项目符号和编号。

(3) 学会使用分页符、分节符。

(4) 掌握创建并更新目录的方法。

(5) 掌握进行字数统计的方法。

【相关知识】

样式：样式是一组设置好的字符格式或者段落格式，它规定了文档中标题以及正文等各个文本元素的形式。样式中的所有格式可以直接设置应用于一个段落或者段落中选定的字符上，而不需要重新进行具体的设置。

项目符号和编号：在文本中添加项目符号，可以通过单击"开始"选项卡"段落"组中的"项目符号"按钮来执行操作。

页面设置：在文档编辑完成后，需要将其进行输出，在输出之前，必须对编辑好的文档页面进行编辑和格式化，再对文档的页面布局进行合理的设置，才不会影响输出效果。

【任务说明】

为了适应军队训练的发展和任职需要，部队需要培养一批"四会"教练员。教案的编写是"四会"教学法中不可缺少的一部分。在 WPS 文字中利用样式设置文本格式、插入和修改页码、设置目录样式等基本操作和技巧，可以快速完成教案、论文、书稿等长文档的格式设置。本任务制作了一堂课的教案，最终效果如图 1-6-1 所示。

图 1-6-1　"教案"的样文效果

任务的设计如下：

(1) 打开文档"教案"原文，利用样式和格式设置文档格式。

(2) 设置一级标题项目符号为"一、""二、"…，二级标题项目符号为"(一)""(二)"…。

(3) 在文档首页前插入空白页，并在空白页建立文档目录。

(4) 在页面底端插入页码，页码居中对齐，起始页码数字为"0"，并且首页不显示页码，页码格式为"-1-""-2-"…。

(5) 创建目录。

(6) 统计整篇文档的字数。

(7) 保存文档。

【任务实施】

打开原文"任务六\教案.wps"，在此文档中进行以下操作。

1. 样式和格式设置

操作要求：

(1) 设置文档标题为"单个军人…教案"，字体为"黑体"，字号为"小二"，对齐方式为"居中"。

(2) 将"作业提要""作业进程""作业评价"设置为"标题 1"，要求字体为"黑体"，字号为"三号"。

(3) 将"作业准备""作业实施"设置为"标题 2"，要求字体为"黑体"，字号为"四号"。

(4) 将"第一个训练任务：向右转""第二个训练任务：向左转"…"第五个训练任务：半面向左转"设置为"标题 3"，要求字体为"仿宋"，字号为"四号"，首行缩进 2 个字符。

(5) 将正文设置为字体"仿宋"，字号为"四号"，首行缩进 2 个字符。

操作步骤：

(1) 选中标题行"单个军人…教案"，单击"开始"选项卡中的"样式"选择区右下角的倒三角按钮，在下拉列表中选择"新建样式"命令，打开"新建样式"对话框，按要求设置新标题样式为"黑体"字体、"小二"字号和"居中"对齐方式，如图 1-6-2 所示。单击"样式"列表按钮，在列表中出现"样式 1"，如图 1-6-3 所示，选择"样式 1"，标题行设置完成。

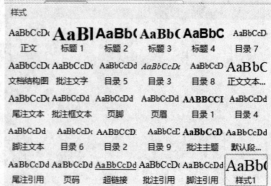

图 1-6-2　　"新建样式"对话框　　　　　　　　1-6-3　　样式列表

(2) 选中"作业提要"行，在"样式"中选择要应用的格式"标题 1"；在 "字体"列表中选择"黑体"字体，在"字号"列表中选择"三号"。

(3) 双击"格式刷"按钮 ，此时指针旁边就有一个刷子图案。依次单击"作业进程"一行、"作业讲评"一行，这两行就被设置成"标题 1"的格式。再次单击"格式刷"按钮，就可释放格式刷工具。

(4) 选择"作业准备"一行，在"样式"中选择应用"标题 2"格式，按照操作要求设置"标题 2"格式，然后参照步骤(3)，利用格式刷设置"作业实施"为"标题 2"格式。当然也可同时选中"作业准备""作业实施"行，然后单击"样式"列表中的"标题 2"，一起设置格式。

(5) 按照操作要求设置"标题 3"格式，重复前面几步的操作即可。

(6) 单击"样式"选择区右下角的倒三角按钮，在列表中选择"新建样式"命令，打开"新建样式"对话框。根据要求，设置字体为"仿宋"，字号为"四号"，单击"格式"按钮，在弹出的列表中选择"段落"命令，打开"段落"对话框，设置首行缩进 2个字符，点击"确定"按钮，如图 1-6-4 所示。单击"确定"后新建"样式 2"，选中正文文字，单击"样式"列表中的"样式 2"，即可设置正文格式，最终效果如图 1-6-5所示。

若想对正文格式进行统一修改，只需要在"样式"列表中用鼠标右键单击"样式 2"，在弹出菜单中选择"修改样式"命令，打开"修改样式"对话框，如图 1-6-6 所示。在对话框中对格式进行设置，单击"确定"按钮后，"样式 2"格式被修改，同时正文格式也被修改。

图 1-6-4　设置"标题"样式和格式对话框

图 1-6-5 样式和格式设置后的效果

图 1-6-6 "修改样式"对话框

2. 添加项目符号和编号

操作要求：

设置一级标题项目符号为"一、""二、"…，二级标题项目符号为"(一)""(二)"…。

操作步骤：

(1) 选中所有的一级标题。单击"开始"选项卡中的"编号"右边的倒三角按钮，打开"编号"列表，在列表中选择"一、""二、""三、"…编号样式，如图1-6-7所示。

图1-6-7 "编号"列表

(2) 选择所有"标题2"。同步骤(1)，在"编号"列表中选择"（一）""（二）""（三）"…编号样式。设置后的效果如图1-6-8所示。

3. 插入分页符和分节符

操作要求：

(1) 在文档首页前插入分页符。

(2) 在目录页的末尾加入分节符。

操作步骤：

(1) 将光标置于文档首行前，切换到"页面布局"选项卡，单击"分隔符"按钮，在弹出的列表中选择"分页符"命令，如图1-6-9所示，即可在首页前插入空白页，如图1-6-10所示。

图 1-6-8　设置标题编号后的效果

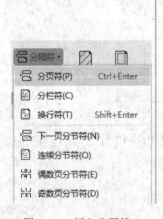

图 1-6-9　插入分页符　　　　　　　　　图 1-6-10　插入空白页的效果

　　(2) 在空白页输入文字"目录",将插入点定位于文字"目录"后,在"页面布局"选项卡中单击"分隔符"按钮,在弹出的列表中选择"下一页分节符"命令,就可自动将所有的正文移至下一页,同目录页分开,如图 1-6-11 所示。

　　(3) 如果页面没有显示分页符和分节符,可以在"文件"菜单中选择"选项"命令,弹出"选项"对话框,在左侧列表中选择"视图"选项,在右侧的"格式标记"栏中,选中"全部"复选框,单击"确定"按钮即可显示出来,如图 1-6-12 所示。如果要删除分页符或分节符,只需将插入点定位在分页符或分节符之前(或者直接用鼠标选中分页符或分节符),然后按"Delete"键即可。

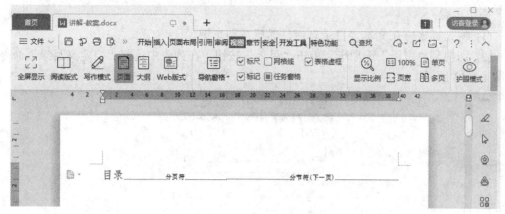

图 1-6-11　插入分节符

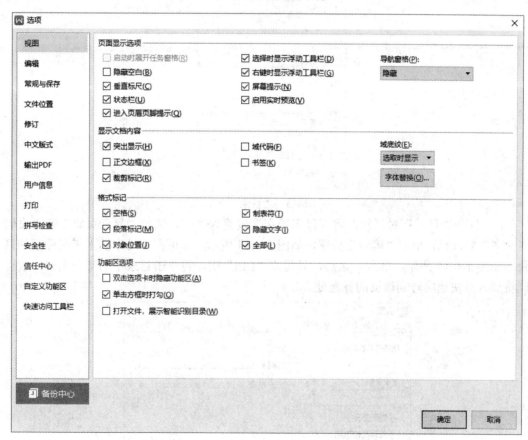

图 1-6-12　设置分页符和分节符的显示

4. 创建目录

操作要求:

(1) 创建三级目录。

(2) 对目录和正文分别进行页面设置。

(3) 对目录进行更新。

操作步骤:

(1) 将光标定位在文本"目录"后,然后按回车键。

(2) 切换到"引用"选项卡,单击"目录"按钮,在列表中选择"自定义目录"命令,如图 1-6-13 所示。

图 1-6-13 "目录"列表

(3) 打开"目录"对话框,将"显示级别"调整为"3",选中"显示页码"和"页码右对齐"复选框,单击"确定"按钮,如图 1-6-14 所示,即可在文档中插入三级标题的目录,如图 1-6-15 所示。插入目录后,只需按"Ctrl"键,再单击目录中的某个页码,就可以将插入点快速跳转到该页的标题处。

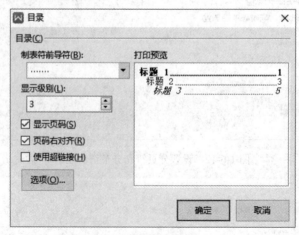

图 1-6-14 "目录"对话框

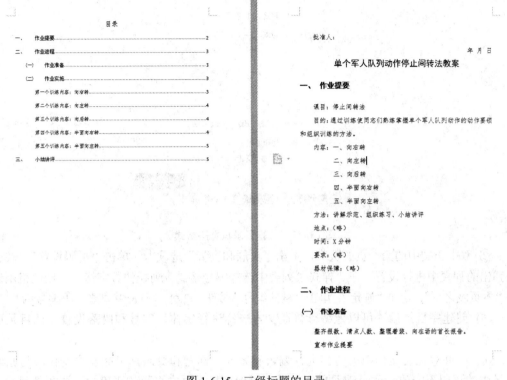

图 1-6-15 三级标题的目录

(4) 为了保证目录页码和正文页码有所区别，并且目录中正文的页码从第 1 页开始，可以进行如下操作。

① 将插入点置于目录节任意位置，切换到"插入"选项卡，单击"页码"按钮，在菜单中选择"页脚"列表中的"页脚中间"，如图 1-6-16 所示。双击目录页页码，进入"页眉和页脚"选项卡，单击页码上方的"页码设置"按钮，在弹出的"样式"列表中，设置编号格式为罗马数字格式，其他选项默认，如图 1-6-17 所示。

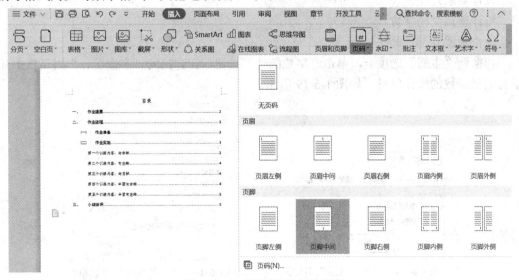

图 1-6-16 在页脚插入居中页码

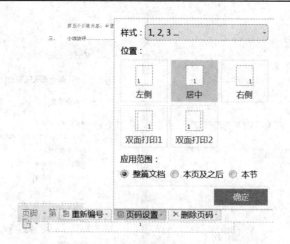

图 1-6-17　设置目录页页码格式

　② 双击正文中的第一页的页脚，弹出"页眉和页脚"选项卡，单击"页码设置"按钮，在弹出的列表中进行设置，在"样式"列表中选择编号格式为阿拉伯数字格式，应用范围选择"本页及之后"，点击"确定"；单击"重新编号"按钮，在弹出列表中调整页码编号为"1"。

　(5) 创建完目录后，可以像编辑普通文本一样进行字体、字号和段落设置，让目录更为美观。

　(6) 如果对正文文档中的内容进行编辑和修改，标题和页码都可能发生变化，与原始目录中的页码不一致，此时需要更新目录，以保证目录页中页码的正确性。要更新目录，可以先选择整个目录，然后在目录任意处单击鼠标右键，在弹出的菜单中选择"更新域"命令，打开"更新目录"对话框进行设置，如图 1-6-18 所示。如果只更新页码，而不想更新已直接应用于目录的格式，可以选中"只更新页码"单选按钮；如果在创建目录后，对文档又做了修改，可以选中"更新整个目录"单选按钮，将整个目录更新。

5. 统计字数

操作要求：

统计整篇文档字数。

操作步骤：

切换到"审阅"选项卡，单击"字数统计"按钮，在弹出的"字数统计"对话框中显示有文档字数的统计信息，如图 1-6-19 所示。

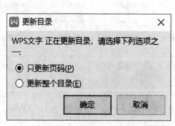

图 1-6-18　"更新目录"对话框

图 1-6-19　"字数统计"对话框

任务七　邮件合并

【学习目标】

(1) 学会选择数据源。
(2) 学会创建主文档。
(3) 学会合并文档。

【相关知识】

邮件合并：它是 WPS 文字的高级应用之一。在 WPS 中，先建立两个文档：一个包括所有文件共有内容的主文档(比如未填写的信封等)和一个包括变化信息的数据源(填写的收件人、发件人、邮编等)，然后使用邮件合并功能在主文档中插入变化的信息，合成后的文件可以保存为文档，也可以打印出来或以邮件形式发出去。

主文档：它是指在邮件合并操作中，所含文本和图形与合并文档的每个版本都相同的文档。例如，套用信函中的寄信人地址和称呼。

数据源：它是指数据来源，在邮件合并中是一个由变化信息构成的标准二维数表。

【任务说明】

邮件合并是 WPS 文字的一项高级功能，能够在任何需要大量制作模板化文档的场合大显身手。用户可以借助邮件合并功能来批量处理电子邮件，如通知书、邀请函、明信片、准考证、成绩单、毕业证、考试桌签等，从而提高办公效率。邮件合并是将作为邮件发送的文档与收信人信息组成的数据源合并在一起，组成完整的邮件。本任务将要完成"考试成绩单"的邮件合并。最终效果如图 1-7-1 所示。

图 1-7-1　考试成绩单邮件合并效果图

【任务实施】

打开"任务七\邮件合并"文件夹，在此文件夹中实现如下任务。

1. 准备数据源

数据源可以是 WPS 表格、Excel 工作表、Access 文件，还可以是 SQL Server 数据库。这里以 WPS 表格为例完成本任务。

如图 1-7-2 所示是一个名为"成绩统计表"的 WPS 表格文件，工作表"考试成绩"中有 38 名学生的考试成绩，数据字段包括姓名、学号、六门课成绩、总分、平均分以及名次。我们的任务就是按照主文档样式打印出"考试成绩表"。

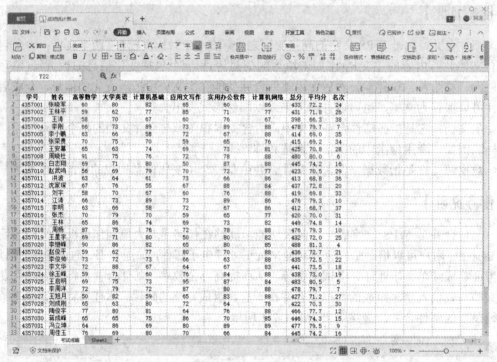

图 1-7-2　数据源

2. 创建主文档

主文档中包含了基本的文本内容，这些文本内容在所有输出文档中都相同的。创建如图 1-7-3 所示的 WPS 文档，保存为"成绩单主文档 .wps"。

2019-2020 学年第 1 学期期末考试各科成绩表

学号：　　　　　　　　姓名：

科目	成绩	科目	成绩
高等数学		大学英语	
计算机基础		应用文写作	
实用办公软件		计算机网络	
总分		名次	第名

学生成绩管理办公室

图 1-7-3　主文档

3. 邮件合并

打开"成绩单主文档.wps"，切换至"引用"选项卡，单击"邮件"按钮，切换至"邮件合并"选项卡，如图 1-7-4 所示。开始进行邮件合并。

图 1-7-4　"邮件合并"选项卡

1) 打开数据源

(1) 选取数据源。

单击"打开数据源"按钮，在下拉列表中选择"打开数据源"命令，弹出"选取数据源"对话框，如图 1-7-5 所示，选择准备好的数据源"成绩统计表"，单击"打开"按钮。对话框关闭后，又弹出"选择表格"对话框，如图 1-7-6 所示，这里将列出数据源文件中包含的所有数据表，选择需要的数据表"考试成绩$"，单击"确定"按钮后，数据源选择完毕。

图 1-7-5　"选取数据源"对话框

图 1-7-6　"选择表格"对话框

(2) 编辑收件人列表。

单击"收件人"按钮,弹出如图 1-7-7 所示的"邮件合并收件人"对话框,在此对话框中,可以使用复选框按钮添加或删除邮件合并的收件人。

图 1-7-7　"邮件合并收件人"对话框

2) 插入合并域

将光标定位到主文档中的"学号:"后面,单击 "插入合并域"按钮,弹出"插入域"对话框,如图 1-7-8 所示。对话框中列出了数据源中的所有字段,这里选择对应的"学号",单击"插入"按钮即可将学号数据插入到主文档中,如图 1-7-9 所示。

2019—2020 学年第 1 学期期末考试各科成绩表

学号:《学号》······················姓名:

科目	成绩	科目	成绩
高等数学		大学英语	
计算机基础		应用文写作	
实用办公软件		计算机网络	
总分		名次	第名

学生成绩管理办公室

图 1-7-8　"插入域"对话框　　　　图 1-7-9　插入学号域后的结果

用同样的方法，将其他数据插入到主文档相应的位置，得到如图 1-7-10 所示的结果。

2019-2020 学年第 1 学期期末考试各科成绩表
学号：《学号》·················姓名：《姓名》

科目	成绩	科目	成绩
高等数学	《高等数学》	大学英语	《大学英语》
计算机基础	《计算机基础》	应用文写作	《应用文写作》
实用办公软件	《实用办公软件》	计算机网络	《计算机网络》
总分	《总分》	名次	第《名次》名

学生成绩管理办公室

图 1-7-10　插入合并域后的结果

3) 查看合并数据

单击"查看合并数据"按钮，即可查看合并之后的数据，如图 1-7-11 所示。在"预览结果"组中还有一些按钮和输入框可以查看上一记录、下一记录和指定的记录。

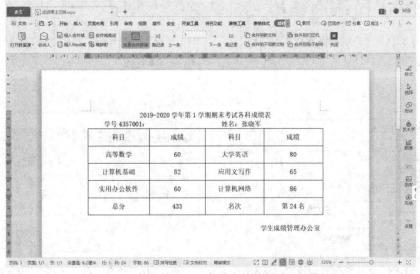

图 1-7-11　查看合并数据

4) 完成合并

在"邮件合并"功能区中有四个按钮可以完成合并，如图 1-7-12 所示。单击"合并到新文档"按钮，弹出"合并到新文档"对话框，在其中选择需要合并的合并记录，如图 1-7-13 所示；单击"合并到不同新文档"按钮，弹出"合并到不同新文档"对话框，如图 1-7-14 所示，在对话框中可以选择不同的域作为文档的文件名，并设置保存位置以及合并记录；单击"合并到打印机"按钮，弹出"合并到打印机"对话框，如图 1-7-15 所示，在对话框中设置合并记录，单击"确定"后直接打印；单击"合并到电子邮件"按钮，弹出"合并到电子邮件"对话框，如图 1-7-16 所示，在对话框中设置收件人、主题行、发送记录等，单击"确定"后发送电子邮件。这里需要将所有学生的成绩单放在一个文档中，就应选择"合并到新文档"，将"合并记录"选择为"全部"，单击"确定"后邮件合并完成，单击保存并将文件命名为 "考试成绩单"，如图 1-7-17 所示。

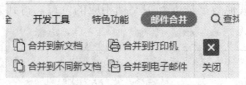

图 1-7-12　完成合并相关的按钮

图 1-7-13　"合并到新文档"对话框

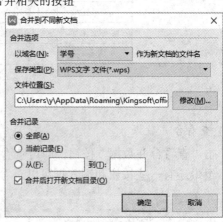

图 1-7-14　"合并到不同新文档"对话框

图 1-7-15　"合并到打印机"对话框

图 1-7-16　"合并到电子邮件"对话框

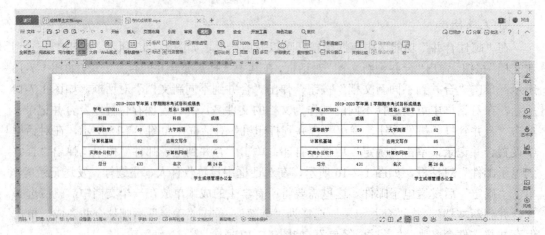

图 1-7-17　邮件合并结果

【课堂练习】

练习内容：创建"准考证邮件合并.wps"，效果如图 1-7-18 所示。

<table>
<tr><td colspan="4" align="center">准考证</td></tr>
<tr><td colspan="4" align="center">考试科目：初级计算机操作员</td></tr>
<tr><td>考试日期：</td><td>2020-9-9</td><td>考试时间：</td><td>9:00-10:00</td></tr>
<tr><td>考生姓名：</td><td>张一</td><td>性别：</td><td>男</td></tr>
<tr><td>准考证号：</td><td>12345</td><td>身份证号</td><td>110108231234</td></tr>
</table>

<table>
<tr><td colspan="4" align="center">准考证</td></tr>
<tr><td colspan="4" align="center">考试科目：中级计算机操作员</td></tr>
<tr><td>考试日期：</td><td>2020-9-9</td><td>考试时间：</td><td>9:00-11:00</td></tr>
<tr><td>考生姓名：</td><td>王二</td><td>性别：</td><td>男</td></tr>
<tr><td>准考证号：</td><td>23456</td><td>身份证号</td><td>110108234342</td></tr>
</table>

<table>
<tr><td colspan="4" align="center">准考证</td></tr>
<tr><td colspan="4" align="center">考试科目：高级计算机操作员</td></tr>
<tr><td>考试日期：</td><td>2020-9-9</td><td>考试时间：</td><td>9:00-12:00</td></tr>
<tr><td>考生姓名：</td><td>李三</td><td>性别：</td><td>男</td></tr>
<tr><td>准考证号：</td><td>34567</td><td>身份证号</td><td>110108234534</td></tr>
</table>

<table>
<tr><td colspan="4" align="center">准考证</td></tr>
<tr><td colspan="4" align="center">考试科目：初级计算机操作员</td></tr>
<tr><td>考试日期：</td><td>2020-9-9</td><td>考试时间：</td><td>9:00-10:00</td></tr>
<tr><td>考生姓名：</td><td>赵四</td><td>性别：</td><td>男</td></tr>
<tr><td>准考证号：</td><td>45678</td><td>身份证号</td><td>110108345656</td></tr>
</table>

图 1-7-18　准考证邮件合并

操作要求：

(1) 主文档：准考证主文档.wps。

(2) 数据源：考生信息.et。

习　　题

一、选择题

1. 在 WPS 窗口中，下列操作不能创建新文档的是(　　)。

A. 单击"文件"菜单中的"新建"命令

B. 单击"常用"工具栏中的"新建"按钮

C. 按"Ctrl+N"键

D. 单击"常用"工具栏中的"打开"按钮

2. 在保存 WPS 文档时可以省略扩展名，这时系统会在文件名后自动加上的扩展名是(　　)。

A. exe　　　B. wps　　　C. txt　　　D. bmp

3. 在 WPS 中，要将正在编辑的文本以新文件名保存应(　　)。

A. 执行"另存为"菜单命令

B. 执行"保存"菜单命令

C. 单击"保存"工具按钮

D. 新建文件后重新输入

4. 以下不能够直接退出 WPS 的方法是(　　)。

A. 单击"标题栏"右侧的"关闭"按钮

B. 直接使用组合键"Alt+F4"

C. 单击"文件"菜单中的"退出"按钮

D. 按"Esc"键

5. 在 WPS 的编辑状态中,打开文档 A,修改后另存为 B,则文档 A(　　)。

A. 被文档 B 覆盖　　　　B. 被修改未关闭

C. 被修改并关闭　　　　D. 未修改被关闭

6. 在 WPS 文字中,要删除已选定的文本内容应按(　　)键。

A. Alt　　　　B. Ctrl　　　　C. shift　　　　D. Delete

7. 下面对 WPS 文字编辑功能的描述中(　　)错误的。

A. WPS 文字可以开启多个文档编辑窗口

B. WPS 文字可以插入多种格式的系统时期、时间到插入点位置

C. WPS 文字可以插入多种类型的图形文件

D. 使用"编辑"菜单中的"复制"命令可将已选中的对象拷贝到插入点位置

8. 在使用 WPS 文字进行文字编辑时,下面叙述中(　　)是错误的。

A. WPS 文字可将正编辑的文档另存为一个纯文本文件

B. 使用"文件"菜单中的"打开"可以打开一个已存在的 WPS 文档

C. WPS 文字在打印预览时,打印机必须是已经开启的

D. WPS 文字允许同时打开多个文档

9. 在 WPS 编辑状态下,被编辑文档中的文字有"四号""五号""16 磅""18 磅"四种,下面关于字号设置大小说法正确的是(　　)。

A. "四号"大于"五号"　　　　B. 四号"小于"五号"

C. "16 磅"大于"18 磅"　　　　D. 字的大小一样,字体不同

10. WPS 文字具有分栏功能,下列关于分栏的说法中,正确的是(　　)。

A. 最多可以设置四栏　　　　B. 各栏的宽度必须相同

C. 各栏的宽度可以相同　　　　D. 各栏之间的间距是固定的

11. 在 WPS 编辑文本时,为了使文字绕着插入的图片排列,可以进行的操作是(　　)。

A. 插入图片,设置环绕方式　　　　B. 插入图片,调整图形比例

C. 插入图片,设置文本框位置　　　　D. 插入图片,设置叠放次序

12. 在 WPS 文字中,当选定表格后按"Delete"键,则(　　)。

A. 表格中的内容全部删除,但表格还在

B. 表格和表格中的内容全部被删除

C. 表格被删除,但表格中的内容未被删除

D. 表格和表格中的内容都没删除

13. 在 WPS 文字中,关于页码叙述错误的是(　　)。

A. 对文档设置页码时,可以对第一页不设置页码

B. 文档的不同节可以设置不同的页码

C. 删除某页的页码,将自动删除整篇文档的页码

D．只有该文档为一节或节与节之间的连接没有断开时，C才正确

二、判断题

1．WPS 中，磅值数字越大，字越大；中文字号越大，字越小。（   ）

2．在 WPS 表格编辑时，还可以进行单元格的旋转。（   ）

3．在 WPS 编辑状态中，利用"表格"菜单中的命令可以选定单元格。（   ）

4．选用拖动图形任一位置的边框线可以使图片按比例缩放。（   ）

5．微软 Office 的 Word 文档在 WPS 文档中打不开，两者不兼容。（   ）

模块二　数据处理技术

　　人们的日常生活中经常使用表格，例如学生的考试成绩表、企业的人事报表、生产报表、财务报表等，所有这些表格的制作都可以利用数据处理软件来实现。使用数据处理软件不仅可以创建和处理各种精美的电子表格，通过使用公式和函数，还可以快速地对表格中的大量数据进行计算、统计、排序、筛选、汇总等操作，并将结果以图表的形式直观地显示出来。当前，数据处理软件被广泛应用于财务、行政、金融、经济、统计和审计等众多领域中。

任务一　初识 WPS Office 2019 表格工具

　　WPS Office 2019 表格(以下简称 WPS 表格)是 WPS Office 2019 套件中的电子表格处理软件，其功能类似于微软公司的 Microsoft Office Excel。WPS 表格主要用于制作各种电子表格、处理和分析数据、共享和管理数据等。近年来随着 WPS Office 应用环境的改善，WPS 表格越来越受到人们的关注和广泛使用。使用 WPS 表格可以制作出各种专业水平的电子表格，为实现办公自动化奠定了坚实的基础。

【学习目标】

　　(1) 熟悉 WPS 表格的功能和特点。
　　(2) 熟悉 WPS 表格的工作界面组成。
　　(3) 掌握 WPS 表格的启动和退出方法。
　　(4) 掌握运用 WPS 表格创建工作簿和工作表的具体方法。

【相关知识】

　　(1) 工作簿：WPS 表格是以工作簿为单位来处理和存储数据的，工作簿文件是 WPS 表格存储在磁盘上的最小独立单位，它由多个工作表组成。在 WPS 表格中，数据和图表都是以工作表的形式存储在工作簿文件中的。一个工作簿又称为一个 WPS 表格文件，其扩展名为.et。
　　(2) 工作表：单元格的集合，是 WPS 表格进行一次完整操作的基本单位，通常称为电子表格。若干个工作表构成一个工作簿。在使用工作簿文件时，只有一个工作表处于活动状态。
　　(3) 工作簿与工作表的关系：如同账本与账页的关系一样，可以把一个工作簿看成是一个账本(由多张账页组成)，而每一个工作表就好像是其中的一个账页，用于保存一个具体的表格。打开账本就可以很方便的查看其中的每一个账页，并能对某一个账页进行管理。

【任务说明】

在日常工作和生活中我们经常会接触到各种数据处理软件，特别是电子表格处理软件。电子表格处理软件除了 Microsoft Office Excel 之外，WPS 表格也能够实现对数据的处理和管理。那么国产办公软件 WPS Office 2019 组件中的电子表格处理软件 WPS 表格到底具有哪些功能？WPS 表格是怎样启动和关闭的？WPS 表格工作界面是由哪些要素构成的？如何运用 WPS 表格创建工作簿和工作表？

【任务实施】

1. WPS 表格的功能和特点

WPS 表格不仅可以进行简单的数据管理和运算，而且可以进行较为复杂的数据处理。通过友好的人机界面和方便易学的智能化操作方式，用户可以轻松拥有实用美观、个性十足的实时表格，是日常工作和生活的得力助手。

1) 主要功能

(1) 表格处理。

使用表格时，所有的数据、信息都以二维表格(工作表)形式管理，单元格中数据间关系一目了然，从而使得数据的处理和管理更直观、更方便、更易于理解。对于日常工作中常用的表格处理操作，例如增加行、删除列、合并单元格、表格转置等操作，在 WPS 表格中均只需简单地通过工具按钮即可完成。此外，WPS 表格还提供了数据和公式的自动填充、表格格式的自动套用、自动求和、自动计算，记忆式输入、选择列表、自动更正、拼写检查、审核、排序和筛选等众多功能，可帮助用户快速高效地建立、编辑、编排和管理各种表格。

(2) 数据分析。

WPS 表格具有强大的数据处理和数据分析功能，提供了包括财务、逻辑、文本、日期和时间、查找与引用、数学和三角函数、统计、工程、多维数据集、信息和兼容性等几百个内置函数，可以满足许多领域的数据处理与分析要求。如果内置函数不能满足需要，还可以使用 WPS 表格内置的 Visual Basic for Application(也称作 VBA)建立自定义函数。

WPS 表格除具有一般数据库软件所提供的数据排序、筛选、查询、统计汇总等数据处理功能以外，还提供了许多数据分析与辅助决策工具，例如数据透视表、模拟运算表、假设检验、方差分析、移动平均、指数平滑、回归分析、规划求解、多方案管理分析等工具。利用这些工具可以完成复杂的求解过程，得到相应的分析结果和求解报告。

(3) 图表制作。

图表是提交数据处理结果的最佳形式。通过图表可以直观地显示出数据的众多特征，例如数据的最大值、最小值、发展变化趋势、集中程度和离散程度等。WPS 表格具有很强的图表处理功能，可以方便地将工作表中的有关数据制作成专业化的图表。WPS 表格提供的图表类型有条形图、柱形图、折线图、散点图、股价图以及多种复合图表和三维图表，用户可以根据需要选择最有效的图表来展现数据。

　　如果 WPS 表格提供的标准图表类型不能满足需要，用户还可以自定义图表类型，并可以对图表的标题、数值、坐标以及图例等各项目分别进行编辑，从而获得最佳的外观效果。WPS 表格还能够自动建立数据与图表的联系，当数据增加或删除时，图表可以随数据变化而动态实时更新。

　　使用 WPS 表格不仅可以绘制出各种美观、简洁大方的图表，还可以将数据的分析结果以图形方式直观、清晰的表达出来。这种可视化的呈现方式，便于人们的理解和运用。

　　(4) 宏操作。

　　为了更好地发挥 WPS 表格的强大功能，提高使用 WPS 表格的工作效率，WPS 表格还提供了宏功能以及内置的 VBA。用户可以使用它们创建自定义函数和自定义命令，特别是 WPS 表格提供的宏记录器，可以将用户的一系列操作记录下来，自动转换成由相应 VBA 语句组成的宏命令。当以后用户还需要执行这些操作时，直接运行这些宏即可。

　　对于需要经常使用的宏，可以将有关的宏与特定的自定义菜单命令或者工具按钮关联，以后只要选择相应的菜单命令或是单击相应的工具按钮即可完成相应的宏操作。对于更高水平的用户，还可以利用 WPS 表格提供的 VBA 在 WPS 表格的基础上开发完整的应用软件系统。

　　2) 主要特点

　　WPS 表格工作于 Windows 平台，具有 Windows 环境软件的所有优点。WPS 表格的图形用户界面是标准的 Windows 窗口形式，有控制菜单、选项卡、最大化按钮、最小化按钮、标题栏、功能区等内容，方便用户操作。WPS 表格的特点主要体现在：

　　(1) 功能更加全面，几乎可以处理各种数据。

　　(2) 操作更加方便，体现在菜单、选项卡、窗口、对话框、功能区等方面。

　　(3) 数据处理函数更加丰富。

　　(4) 图表绘制功能更加全面，能自动创建各种统计图表。

　　(5) 自动化功能更加完善，包括自动更正、自动排序、自动筛选等功能。

　　(6) 运算更加快速准确。

　　(7) 数据交换更加方便。

2. WPS 表格的启动与退出

　　1) 启动 WPS 表格

　　(1) 在"整合模式"下，单击屏幕左下角的"开始"按钮，在弹出的菜单中选择"所有程序"，再选择"WPS Office"→"WPS 2019"命令，启动 WPS 2019 应用程序，如图 2-1-1 所示。单击"新建"按钮，然后单击"表格"按钮，启动 WPS 表格，如图 2-1-2 所示。

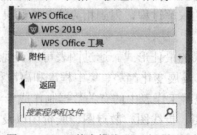

图 2-1-1　　"整合模式"下启动 WPS

图 2-1-2 "新建"窗口

(2) 在"多组件模式"下，单击屏幕左下角的"开始"按钮，在弹出的菜单中选择"所有程序"，再选择"WPS Office"→"WPS 表格"命令，如图 2-1-3 所示。然后单击"新建"命令按钮，启动 WPS 表格，如图 2-1-2 所示。

(3) 用鼠标左键双击桌面快捷方式  启动 WPS 表格，然后单击"新建"命令按钮，启动 WPS 表格，如图 2-1-2 所示。

图 2-1-3 "多组件模式"下启动 WPS 表格

2）WPS 表格工作界面

启动 WPS 表格后，在图 2-1-2 窗口中，单击"推荐模板"的"新建空白文档"，系统将自动建立一个文件名为"工作簿 1"的临时 WPS 表格工作簿文件，并自动打开工作表"Sheet1"，工作界面如图 2-1-4 所示。

WPS 表格工作界面主要由标题栏、快速访问工具栏、选项卡、功能区、名称框、编辑栏、工作区、工作表标签和状态栏组成。

(1) 标题栏。

标题栏位于 WPS 表格工作界面的最上端。当同时打开多个文档时，标题栏中显示当前激活状态的文档名称。

标题栏左端依次显示 WPS 表格按钮和当前文档名；标题栏右端是窗口的控制按钮，包括"最小化"按钮、"最大化/还原"按钮和"关闭"按钮。用户可以通过点击控制按钮图标、拖动标题栏或者点击控制按钮，完成改变 WPS 表格工作窗口的位置、大小，以及退出 WPS 表格应用程序等操作。

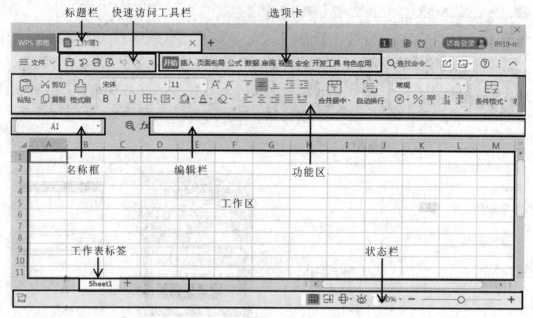

图 2-1-4　WPS 表格工作界面

(2) 快速访问工具栏。

　　快速访问工具栏就是将常用的工具摆放于此，帮助快速完成工作。快速访问工具栏用于放置频繁使用的命令按钮，使用户能快速启动经常使用的命令。默认情况下，快速访问工具栏中只有数量较少的命令按钮，用户可以根据需要添加多个自定义命令按钮。通过点击快速访问工具栏上的命令按钮可以快速完成相关工作。如果想将自己常用的工具也加入此区，可按下 ▽ 进行设置，如图 2-1-5 所示。

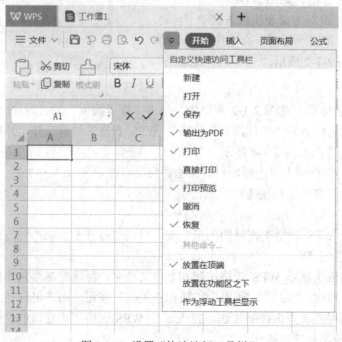

图 2-1-5　设置"快速访问工具栏"

(3) 选项卡。

WPS 表格中所有的功能操作分为一个菜单和多个选项卡，即"文件"菜单和"开始""插入""页面布局""公式""数据""审阅""视图""安全""开发工具"和"特色应用"选项卡。各选项卡中收录相关的功能群组，方便使用者切换和选用。例如"开始"选项卡中就是基本的操作功能，单击"开始"按钮就切换到该选项中，其中包含"剪贴板""字体""对齐方式""数字""条件格式""套用表格""文档助手""求和""筛选""排序""格式转换""行和列""工作表""冻结窗格""查找"和"插入符号"等功能，如图 2-1-6 所示。

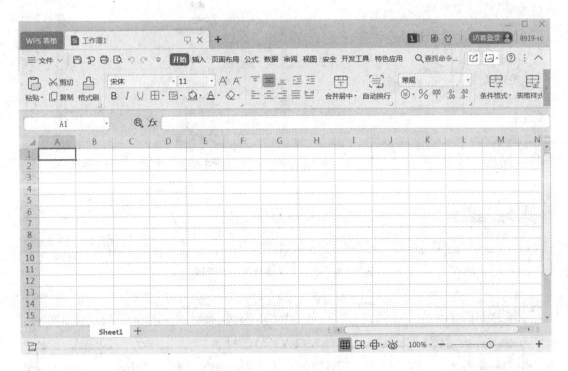

图 2-1-6　"开始"选项卡

说明：选项卡是可以设置的。可以对不常用的选项卡进行隐藏，隐藏的具体方法是选择"文件"→"工具"→"选项"→"自定义功能区"命令，弹出如图 2-1-7 所示对话框，在对话框中取消需要隐藏的选项卡"选中"状态。

(4) 功能区。

功能区放置了编辑工作表时需要使用的工具按钮。开启 WPS 表格时，预设显示"开始"选项卡下的工具按钮，如图 2-1-8 所示。当选择其他的选项卡时，便会改变显示的按钮。

在功能区中单击 按钮，可以开启专属的对话框来做更细致的设定。例如，想要对字体进行设定，就可以单击"字体"组右下角的 按钮，开启"字体"对话框，如图 2-1-9 所示。

图 2-1-7　"自定义功能区"对话框

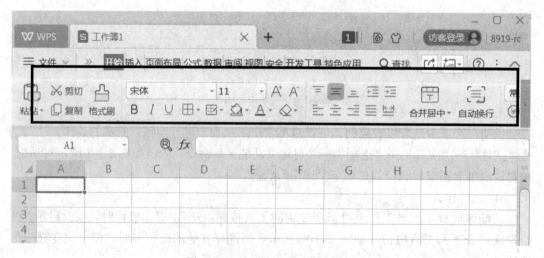

图 2-1-8　"开始"选项卡功能区

　　如果觉得功能区占用的版面位置太大，可以单击"功能区最小化"按钮将"功能区"隐藏起来，如图 2-1-10 和图 2-1-11 所示。将"功能区"隐藏起来后，要再次使用"功能区"时，只要单击任一个选项卡即可开启；当光标移到其他地方再单击一下左键时，"功能区"又会自动隐藏了。

图 2-1-9　"字体"对话框

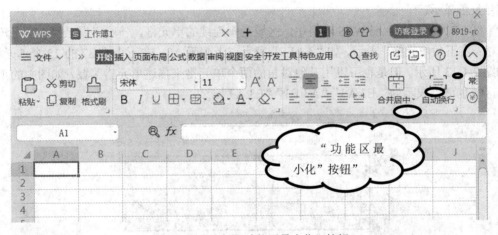

图 2-1-10　选择"功能区最小化"按钮

图 2-1-11　隐藏"功能区"后的效果

(5) 状态栏。

状态栏位于 WPS 表格窗口的最底端,用来显示当前工作区的状态,如图 2-1-12 所示。在单元格中输入数据时,状态栏则显示"输入状态"字样。状态栏的右端是两个视图按钮、两种模式和显示比例。视图按钮分别是普通视图和分页浏览;模式分别是阅读模式和护眼模式。

图 2-1-12　WPS 表格的状态栏

(6) 其他重要部件。

① 工作区和单元格。工作区是窗口中有浅色表格线的大片空白区域,是用户输入数据、创建表格的地方。单元格是组成工作表的最小单位。一张工作表由 1 048 576 行、16 384 列组成,每一行和每一列都有确定的标号:行号用数字 1,2,3,…,1 048 576 表示;列号用英文字母 A,B,…,Z,AA,AB,…,ZZ,AAA,AAB,…,XFD 表示。每一个行列交叉处即为一个单元格,该单元格的列号和行号构成了该单元格的名称,如 A5 表示第 A 列第 5 行的单元格。

② 活动单元格。在每个工作表中只有一个单元格是当前正在操作的单元格,称为"活动单元格",也称为"当前单元格"。活动单元格的边框为加粗的黑色边框,相应的行号与列号反色显示。

③ 单元格区域。在 WPS 表格中,区域是指连续的单元格,一般习惯上用"左上角单元格:右下角单元格"表示。如"A3:E7"表示左上起于 A3,右下止于 E7 的 25 个单元格,如图 2-1-13 所示。但是也可以用其他对角的两个单元格来描述单元格区域,如图中的单元格区域也可以表示为"E7:A3""A7:E3""E3:A7"。

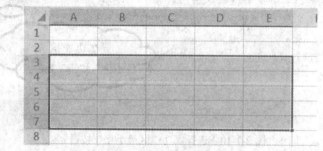

图 2-1-13　单元格区域

④ 名称框。名称框位于功能区的下方,用来显示工作表中当前活动单元格的名称。

⑤ 编辑栏。编辑栏位于名称框的右侧,用于显示活动单元格中的内容。在编辑栏中可以输入数据、公式和函数,并且可以改变插入点位置,方便地对输入内容进行修改。

⑥ 工作表标签。工作表标签栏位于工作区的左下方,显示了该工作簿中所有工作表的名称,一个工作表对应一个标签。单击某个工作表标签,可以在工作区中显示对应的工作表,显示在工作区中的工作表称为当前工作表,当前工作表的标签将反色显示。

WPS 表格启动后会自动建立一个名为"工作簿 1"的新工作簿,其中默认包含一个空白的工作表,其中工作表"Sheet1"为当前工作表。用户可以向工作表中插入新的工作表或删除已有的工作表，但工作簿中至少应包含一张工作表，一个工作簿最多可以包含 255 个工作表。

⑦ 显示比例。窗口右下角是"显示比例"区，显示当前工作表的比例。放大或缩小文件的显示比例，并不会放大或缩小字形，也不会影响文件打印出来的结果，只是方便用户在屏幕上浏览和操作而已。可通过按下"+"按钮放大工作表的显示比例，通过按下"-"按钮缩小工作表的显示比例，或者直接拖动中间的滑动杆来改变工作表的显示比例。

3）退出 WPS 表格

当编辑完一个工作簿文件后，需要将其关闭并退出 WPS 表格应用程序，常用操作包括关闭工作簿和退出 WPS 表格。关闭工作簿是指关闭当前所打开的工作簿文件，而不会退出 WPS 表格应用程序，用户此时可以进行其他工作簿文件的编辑工作。而退出 WPS 表格将会关闭当前打开的所有工作簿文件，并退出 WPS 表格应用程序。

关闭工作簿的具体步骤如下：

(1) 选择"文件"菜单的"关闭"命令，即可关闭当前所打开的工作簿文件。如果该工作簿在编辑之后没有保存，系统将弹出如图 2-1-14 所示的信息提示框。

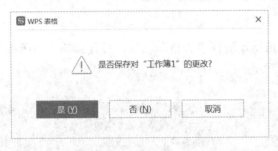

图 2-1-14　信息提示框

(2) 单击"是(Y)"按钮，保存工作簿；单击"否(N)"按钮，则不保存对工作簿所做的任何修改并直接关闭；单击"取消"按钮，则返回到编辑状态。

退出 WPS 表格的方法如下：

(1) 选择"文件"菜单→"退出"命令。

(2) 单击 WPS 表格标题栏右侧的"关闭"按钮。

(3) 使用组合键"Alt+F4"。

用户如果在退出 WPS 表格前没有保存修改过的工作簿文件，在退出时，系统将弹出一个如图 2-1-14 所示提示框，提示用户是否保存对工作簿的修改。

4）工作簿和工作表的创建

WPS 表格有两种创建新工作簿文件的方法：新建空白工作簿和使用模板新建工作簿。

(1) 新建空白工作簿。

创建空白工作簿的具体操作步骤如下：

① 在"整合模式"下，单击屏幕左下角的"开始"按钮，在弹出的菜单中选择"所有程序"，再选择"WPS Office"→"WPS 2019"命令，启动 WPS 2019 应用程序，如图 2-1-15 所示。

图 2-1-15　WPS 启动界面

②　单击"新建"按钮，选择"表格"选项，打开如图 2-1-16 所示窗口。

图 2-1-16　"新建"窗口

③　在"新建"窗口的"推荐模板"选区中，单击"新建空白文档"按钮，即可创建一个空白的工作簿文件，如图 2-1-17 所示。

可以看到，系统会对创建的临时工作簿自动命名为"工作簿 1"，并且工作簿文件中已经建立了一张空白工作表，命名为"Sheet1"，默认"Sheet1"工作表处于打开状态，为当前工作表。

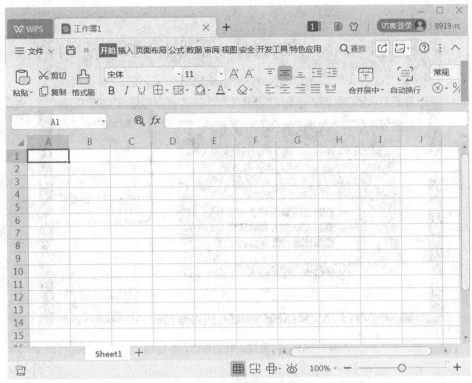

图 2-1-17 新建的"空白工作簿"

(2) 使用模板新建工作簿。

WPS 表格提供了许多模板文件,利用模板文件可以快速创建一个具有特定格式的新工作簿。使用"样本模板"新建工作簿的具体操作步骤如下:

① 在"整合模式"下,单击屏幕左下角的"开始"按钮,在弹出的菜单中选择"所有程序",选择"WPS Office"→"WPS 2019"命令,启动 WPS 2019 应用程序,如图 2-1-15 所示。

② 单击"新建"按钮,选择"表格"选项,打开如图 2-1-16 所示的窗口。

③ 在该窗口"推荐模板"选区中,单击相应主题的模板,如单击如图 2-1-18 所示"财务系统"按钮,即可创建一个如图 2-1-19 所示的工作簿文件。

图 2-1-18 "推荐模板"选择窗口

图 2-1-19　新建的"财务系统"工作簿

任务二　制作考核成绩统计表

【学习目标】

(1) 理解 WPS 表格中单元格的引用方法。

(2) 掌握 WPS 表格中的常用数据类型及其相关的运算、运算符、运算符的优先级等基本知识。

(3) 掌握 WPS 表格中公式的编辑和使用。

(4) 掌握 WPS 表格中常用函数的功能、名称、参数的意义和使用方法。

【相关知识】

WPS 表格中的公式由等号、数值、单元格引用、函数、运算符等元素组成。利用它可以从已有的数据中获得一个新的数据,当公式中相应单元格的数据发生变化时,由公式生成的值也将随之改变。公式是电子表格的核心,WPS 表格提供了方便的环境来创建复杂的公式。

WPS 表格中的函数其实是一些预定义的公式,它们使用参数作为特定数值,按特定的顺序或结构进行计算。用户可以直接使用函数对某个区域内的数值进行一系列运算,如对单元格区域进行求和、计算平均值、计数和运算文本数据等。

1. 运算符的类型

公式中的运算符包括算术运算符、比较运算符、文本运算符和引用运算符四种。

(1) 算术运算符。算术运算符如表 2-2-1 所示，主要用于完成基本的算术运算，如加、减、乘、除等。

表 2-2-1 算术运算符

算术运算符	含 义	示 例
+ (加号)	加	5+5
- (减号)	减、负号	5-1
* (星号)	乘	5*3
/ (斜杠)	除	5/2
% (百分号)	百分比	50%
^ (脱字符)	乘幂	5^2

(2) 比较运算符。比较运算符如表 2-2-2 所示，可以比较两个数值并产生逻辑 TRUE 或 FALSE。

表 2-2-2 比较运算符

比较运算符	含 义	示 例
=	等于	A1=A2
>	大于	A1>A2
<	小于	A1<A2
>=	大于或等于	A1>=A2
<=	小于或等于	A1<=A2
<>	不等于	A1<>A2

(3) 文本运算符。文本运算符"&"可以将两个文本值连接起来产生一个连续的文本值，例如"中国"&"人民解放军"的运算结果为"中国人民解放军"。

(4) 引用运算符。引用运算符如表 2-2-3 所示，可以将单元格区域进行合并运算。

表 2-2-3 引用运算符

引用运算符	含 义	示 例
：(冒号)	区域运算符，产生对"包括在两个引用之间的所有单元格"的引用	(A1：A2)
，(逗号)	联合运算符，将多个引用合并为一个引用	(A1：A2，B2：B3)
(空格)	交叉运算符，产生对"两个引用共有的单元格"的引用	(A1：A2 B2：B3)

2. 运算顺序

如果一个公式中的参数太多，就要考虑到运算的先后顺序，如果公式中包含相同优先级的运算符，WPS 表格则从左到右进行运算。如果要修改运算顺序，则要把公式中需要首先计算的总值括在圆括号内。例如公式"=(B2+B3)*D4"，就是先计算加，然后再计算乘。运算符的优先级如表 2-2-4 所示。

表 2-2-4　运算符的优先级

运　算　符	说　明
：(冒号)(单个空格)，(逗号)	引用运算符
-	负号
%	百分号
* 和 /	乘和除
+ 和 -	加和减
&	连接两个文本字符串
= 、>、 <、>=、 <=、 <>	比较运算符

3. 单元格的引用

引用的作用在于标志工作表上的单元格和单元格区域，并指明使用数据的位置。通过引用，可以在公式中使用工作表中单元格的数据。WPS 表格为用户提供了相对引用、绝对引用、混合引用和三维引用四种方法。

1) 相对引用

相对引用的格式是直接用单元格或单元格区域名，而不加"$"符号，例如"A1""D3"等。使用相对引用后，系统将会记住建立公式的单元格和被引用的单元格的相对位置关系。在粘贴这个公式时，新的公式单元格和被引用的单元格仍保持这种相对位置。

2) 绝对引用

绝对引用就是指被引用的单元格与引用的单元格的位置关系是绝对的，无论将这个公式粘贴到任何单元格，公式所引用的还是原来单元格的数据。绝对引用的单元格的行和列前都有"$"符号，例如"$B$1"和"$D$5"都是绝对引用。

3) 混合引用

混合引用是指在同一单元格中，既有相对引用，又有绝对引用，即混合引用具有绝对列和相对行，或是相对列和绝对行。例如"$D2"(绝对引用列)和"F$2"(绝对引用行)都是混合引用。

4) 三维引用

三维引用是指引用同一工作簿不同工作表中的单元格数据。三维引用的一般格式为："工作表名！单元格地址"。例如，在当前工作表的 A1 单元格中输入公式"=Sheet1! A1+Sheet2! A1"，表示把"Sheet1"工作表 A1 单元格中的值与"Sheet2"工作表 A1 单元格中的值相加后的和放在当前工作表 A1 单元格中。另外，还可以引用不同工作簿中的单元格数据，格式为"[工作簿名称]工作表名! 单元格地址"。

【任务说明】

公式和函数的使用是 WPS 表格中的一个重点。在本任务中，通过制作成绩统计表，学习公式的编辑方法和常用函数的使用方法，深刻体会 WPS 表格给工作带来的便利，从而进一步掌握 WPS 表格的核心功能。任务完成后的最终效果如图 2-2-1 所示。

图 2-2-1 "考试成绩统计表"样例

【任务实施】

1. 新建工作簿文件

启动 WPS 表格，在"推荐模板"中单击"新建空白文档"，系统将自动新建一个工作簿文档，然后将其保存至"E：\任务二"文件下，名称为"考试成绩统计表"。

2. 编辑工作表结构并输入数据

建立如图 2-2-2 所示的"考试成绩统计表"结构并输入数据。

		科目					总分	平均分	名次
学号	姓名	数学	语文	英语	生物	历史			
4357001	张小军	87	60	54	70	88			
4357002	王林平	75	90	85	70	77			
4357003	王　海	87	87	89	90	85			
4357004	李　刚	60	67	55	80	90			
4357005	李小鹏	90	92	95	93	89			
4357006	赵海军	70	70	60	70	70			
4357013	李　景	59	90	98	70	87			
4357014	李　兵	67	80	76	65	88			
4357015	王小波	89	85	72	76	79			
4357016	郝　鑫	78	84	67	83	77			
4357017	洪　波	92	76	84	90	81			
4357022	李卫国	88	91	87	94	74			
4357023	周小社	87	67	90	86	67			
4357024	李　波	85	78	78	82	92			
4357025	王　建	79	93	84	79	77			
统计	最高分								
	最低分								

表名为"**班期末考试成绩统计表"

图 2-2-2　"考试成绩统计表"结构

1) 表名

首先选定"B1:K1"单元格区域,切换到"开始"选项卡,单击"单元格格式"中"对齐方式"→"合并居中"按钮,将该单元格区域合并为一个单元格 B1;然后选定 B1 单元格,从键盘输入"**班期末考试成绩统计表";最后运用"字体"组中的相关命令,将表名的字体设置为"华文宋体",字号设置为"20磅",字形设置为"加粗"。

2) 标题行

合并"B2:B3"区域,输入"学号";合并"C2:C3"区域,输入"姓名";合并"D2:H2"区域,输入"科目";在 D3 到 H3 的五个单元格中,依次输入"数学""语文""英语""生物""历史";合并"I2:I3"区域,输入"总分";合并"J2:J3"区域,输入"平均分";合并"K2:K3"区域,输入"名次"。

3) 统计行

合并"B19:B20"区域,输入"统计";在 C19 单元格中输入"最高分";在 C20 单元格中输入"最低分"。

4) 设置单元格格式

选定标题行区域"B2:K2",执行"开始"选项卡中的"格式"→"单元格"命令,在弹出的"单元格格式"对话框中,选择"字体"选项卡,在"字体"区域选择"华文宋体","字形"区域选择"加粗","字号"区域选择"14";在"对齐"选项卡中,在"文本对齐方式"区域将"水平对齐"和"垂直对齐"均设置为"居中";在"边框"选项卡中,将内边框的"线条样式"设置为第七行第一列的细实线,外边框的"线条样式"设置为第五行第二列的较粗实线；在"图案"选项卡中，在"单元格底纹"区域选中第四行第五列的淡蓝色，最后单击"确定"按钮完成设置。

选定"B19:C20"区域，打开"单元格格式"对话框，选择相应的选项卡，将单元格中的字体设置为"华文宋体"，字号设置为"14磅"，字形设置为"加粗"，水平对齐和垂直对齐均选择"居中"，单元格底纹选择为"单元格底纹"选区中第四行第五列的淡蓝色。

选定"D19:K20"和"I4:K18"单元格区域，字号设置为"14磅"，设置单元格底纹颜色为"单元格底纹"选区中第二行第一列的最浅灰度颜色。

选定"B19:K20"区域，设置单元格区域的内边框为细实线，外部边框为较粗的实线；选定"B4:K18"区域，字号设置为"14磅"，同样设置单元格区域的内边框为细实线，外边框为较粗的实线。

选定"K19:K20"区域，设置单元格区域的斜线边框为细实线。

5) 输入数据

如图 2-2-2 所示，输入 15 名学员待统计的期末考试数据，主要包括每个学员的学号、姓名和语文、数学、英语、生物、历史五门课程的成绩。

3. 使用公式计算总分列

(1) 编辑公式。选定存放第一个学员总分的单元格 I4，然后在编辑栏中输入公式"=D4+E4+F4+G4+H4"，按回车键或编辑栏上的"输入"✅按钮，即可在该单元格显示出学员五门课程的总分。

(2) 复制公式有以下两种方法。

方法一：首先选定单元格 I4，并执行复制操作，然后选定 I5 单元格，选择"开始"选项卡"，在"粘贴"选项列表中选择"公式"命令，如图 2-2-3 所示，即可将 I4 单元格的公式复制到 I5 单元格中。

方法二：首先选定单元格 I4，并执行复制操作，然后选定 I5 单元格，选择"开始"选项卡"，在"粘贴"选项列表中选择"选择性粘贴"命令，打开"选择性粘贴"对话框，在对话框的"粘贴"区域中选择"公式"，单击"确定"按钮，如图 2-2-4 所示。也可将 I4 单元格的公式复制到 I5 单元格中，因为公式中使用的是相对引用形式，所以当公式被复制到 I5 单元格后，编辑栏中的公式自动变更为"=D5+E5+F5+G5+H5"，因此能够正确求得第二个学员的总分数。

图 2-2-3　"粘贴"选项列表　　　　　图 2-2-4　"选择性粘贴"对话框

(3) 填充公式。选定 I5 单元格，并将光标移动到该单元格的右下角的填充柄处，当光标变为实心的"十"字形状时，按下鼠标左键，拖动到 I18 单元格上方后，松开鼠标左键，即可完成公式的填充，此时"成绩表"中每位学员的总分都已经通过公式计算出来了，如图 2-2-5 所示。

**班期末考试成绩统计表

学号	姓名	科目					总分	平均分	名次
		数学	语文	英语	生物	历史			
4357001	张小军	87	60	54	70	88	359		
4357002	王林平	75	90	85	70	77	397		
4357003	王　海	87	87	89	90	85	438		
4357004	李　刚	60	67	55	80	90	352		
4357005	李小鹏	90	92	95	93	89	459		
4357006	赵海军	70	70	60	70	70	340		
4357013	李　景	59	90	98	70	87	404		
4357014	李　兵	67	80	76	65	88	376		
4357015	王小波	89	85	72	76	79	401		
4357016	郝　鑫	78	84	67	83	77	389		
4357017	洪　波	92	76	84	90	81	423		
4357022	李卫国	88	91	87	94	74	434		
4357023	周小社	87	67	90	86	67	397		
4357024	李　波	85	78	78	82	92	415		
4357025	王　建	79	93	84	79	77	412		
统计	最高分								
	最低分								

图 2-2-5　"总分"计算结果

4. 用函数计算平均分列

(1) 插入函数有两种方法，一种方法是直接利用"公式"选项卡中列出的函数进行计算；另一种方法是利用"插入函数"对话框进行操作。

方法一：选定 J4 单元格，选择"公式"选项卡，在"自动求和"下拉列表中选择"平均值"命令，然后通过拖动鼠标的操作一次性选定 D4 到 H4 这五个单元格，此时编辑框中显示"=AVERGE(D4:H4)"，按回车键或编辑栏上的"输入"✔按钮，即可在该单元格计算出第一个学员五门课程的平均分。如图 2-2-6 所示。

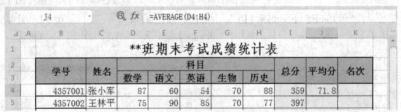

图 2-2-6　利用"平均值"函数计算

方法二：选定 J5 单元格，选择"公式"选项卡中的"插入函数"命令，弹出"插入函数"对话框，如图 2-2-7 所示。在"插入函数"对话框的"选择函数"列表中选择平均值计算函数"AVERAGE"，单击"确定"按钮，弹出"函数参数"对话框，如图 2-2-8 所示。单击"数值"文本框右端的选取按钮，对话框自动隐藏为一个参数行，然后在工作表中选定 D5 单元格，再单击参数行右端的选取按钮，此时第一个参数就已经添加到了"数值 1"文本框中。按照相同的方法，将 E5、F5、G5、H5 四个单元格依次添加到参数"数值 2""数值 3""数值 4""数值 5"。最后，单击"确定"按钮，第二个学员的平均成绩即显示在 J5 单元格中。

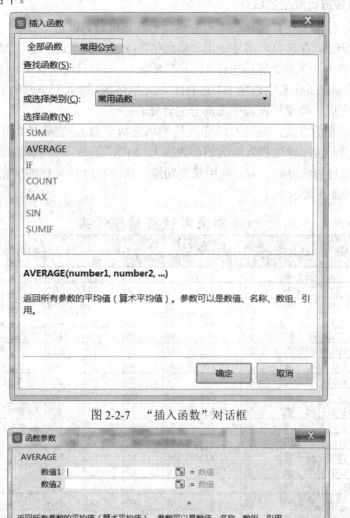

图 2-2-7 "插入函数"对话框

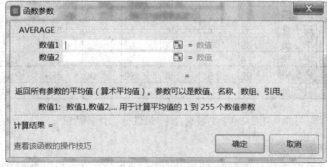

图 2-2-8 "函数参数"对话框

注意：在函数参数选取过程中，还可以一次选择多个单元格，例如在上面的操作中，可以在选取"数值 1"时，通过拖动鼠标的操作一次性选定 D4 到 H4 单元格区域，此时"数值 1"参数的文本框内容将会显示"D4:H4"，此时单击"确定"按钮，也同样可以通过函数计算出学员成绩的平均分。

(2) 输入函数。首先选定单元格 J5，然后在编辑栏中直接输入函数"=AVERAGE(D5:H5)"，键入回车或单击编辑栏上的"输入" ✔ 按钮，可以求得第二个学员的平均分。

(3) 填充函数。与填充公式相同，通过拖动填充柄的方式，计算所有学员的平均分。

注意： 上一步计算学员总分列的数值时，也可以使用函数来完成，实现求和功能的函数名为"SUM"。

5. 使用函数进行成绩的统计

成绩的统计行需要计算出每门课程的最高分和最低分,以及所有学员中总分和平均分的最高分和最低分,在这里,需要使用"最大值"(MAX)和"最小值"(MIN)函数来完成。

首先选定 D19 单元格,然后选择"公式"选项卡,在"自动求和"下拉列表中选择"最大值"命令,然后在工作表中选定 D4 到 D18 单元格区域,键入回车或单击编辑栏上的"输入" ✓ 按钮,完成"数学"课程中最高分的计算。

使用函数填充的方式,拖动 D19 单元格的填充柄至 J19,完成最高分的计算。

选定 D20 单元格,通过插入函数的形式插入"MIN"函数,并将参数设置为"D4:D18",完成"数学"课程最低分的计算。使用填充功能,拖动 D20 单元格的填充柄,完成最低分的计算,如图 2-2-9 所示。

**班期末考试成绩统计表

学号	姓名	科目					总分	平均分	名次
		数学	语文	英语	生物	历史			
4357001	张小军	87	60	54	70	88	359	71.8	
4357002	王林平	75	90	85	70	77	397	79.4	
4357003	王　海	87	87	89	90	85	438	87.6	
4357004	李　刚	60	67	55	80	90	352	70.4	
4357005	李小鹏	90	92	95	93	89	459	91.8	
4357006	赵海军	70	70	60	70	70	340	68	
4357013	李　景	59	90	98	70	87	404	80.8	
4357014	李　兵	67	80	76	65	88	376	75.2	
4357015	王小波	89	85	72	76	79	401	80.2	
4357016	郝　鑫	78	84	67	83	77	389	77.8	
4357017	洪　波	92	76	84	90	81	423	84.6	
4357022	李卫国	88	91	87	94	74	434	86.8	
4357023	周小社	87	67	90	86	67	397	79.4	
4357024	李　波	85	78	78	82	92	415	83	
4357025	王　建	79	93	84	79	77	412	82.4	
统计	最高分	92	93	98	94	92	459	91.8	
	最低分	59	60	54	65	67	340	68	

图 2-2-9　"最高分""最低分"计算结果

6. 使用函数计算名次

使用"RANK.EQ"函数计算每位学员的名次。"RANK.EQ"函数属于"统计"类函数,可以在"公式"→"其他函数"→"统计"列表中找到,这里将用"插入函数"的形式进行。

首先选定 K4 单元格,然后选择"公式"选项卡中的"插入函数"命令,在弹出的"插入函数"对话框的"或选择类别"中选择"统计"命令,在"选择函数"列表中选择"RANK.EQ"选项,此时可以看到对话框底部已经显示出了该函数功能的相关说明,如图 2-2-10 所示。可以看出,该函数共有三个参数,实现的功能是"返回某数字在一列数字中相对于其他数值的大小排名"。

单击"确定"按钮,关闭"插入函数"对话框,并弹出"函数参数"对话框,如图 2-2-11所示。

图 2-2-10 插入"RANK．EQ"函数对话框

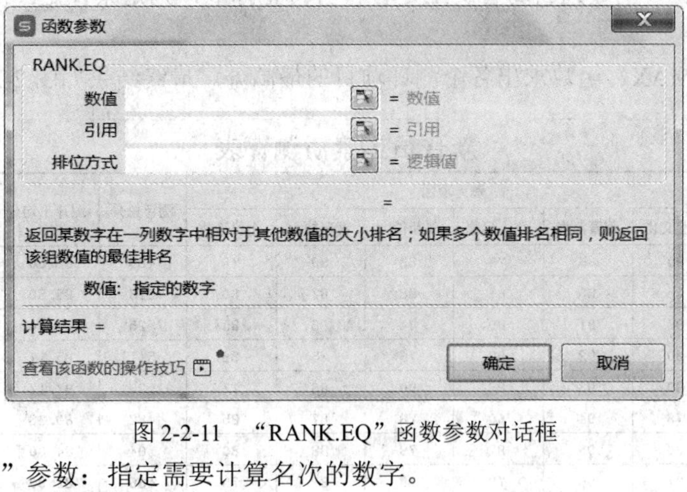

图 2-2-11 "RANK.EQ"函数参数对话框

(1) "数值"参数：指定需要计算名次的数字。

单击"数值"参数文本框右端的选取按钮后，"函数参数"对话框折叠为一行，然后选定工作表中的 I4 单元格，即第一位学员的总分，再单击对话框右端的选取按钮，展开"函数参数"对话框，此时"数值"参数的值为"I4"。

(2) "引用"参数：用来确定名次大小的一系列数据。

单击"引用"参数文本框右端的选取按钮，在对话框折叠为一行后，选定所有学员的总分数据，即从 I4 到 I18，再单击对话框右端的选取按钮，展开"函数参数"对话框，此时"引用"参数的值为"I4：I18"。

(3) "排位方式"参数：指定排序的方式。

在"排位方式"参数文本框中，输入"0"或忽略，表示成绩的名次是按照总分的降序排列的，即总分最高的为第一名。然后单击"函数参数"对话框中的"确定"按钮，第一个学员的名次已经出现在了 K4 单元格中。

注意：由于确定名次的所有学员的总分数据是固定不变的，为了使用填充的形式计算所有学员的名次，需要将 K4 单元格"RANK.EQ"函数的第二个参数中的单元格引用形式更改为绝对引用。

选定 K4 单元格，编辑栏将显示出该单元格中所编辑的公式内容，通过键盘输入，将原来"RANK.EQ"函数的第二个参数"I4:I18"更改为"$I$4:$I$18"。

最后，使用拖动 K4 单元格填充柄的方式，将 K4 单元格中的公式填充到"K5:K18"区域，此时，所有学员总分的名次的结果已正确显示在了名次列中。

7. 保存

将工作簿保存到"E：\任务二\考试成绩统计表.et"。

【课堂练习】

打开素材文件"E：\任务二\新晋员工素质测评表.et"工作簿，然后对工作表进行计算，具体要求如下：

(1) 利用"SUM"函数计算"测评总分"，利用"AVERAGE"函数计算"测评平均分"；

(2) 利用"RANK.EQ"函数对员工进行排名；

(3) 利用"IF"函数判断新晋员工是否符合转正标准，判定条件是：测评平均分大于等于 80；

(4) 利用"MAX"函数求出各个测评项目的最高分。最终结果如图 2-2-12 所示。

新晋员工素质测评表

编号	姓名	测评项目						测评总分	测评平均分	名次	是否转正
		企业文化	规章制度	个人品德	创新能力	管理能力	礼仪素质				
HR001	李明敏	80	86	78	83	80	76	483	80.50	9	转正
HR002	龚晓民	85	86	87	88	87	80	513	85.50	5	转正
HR003	赵华瑞	90	91	89	84	86	85	525	87.50	2	转正
HR004	黄锐	80	92	92	76	85	86	511	85.17	6	转正
HR005	沈明康	89	93	88	90	86	77	523	87.17	3	转正
HR006	郭庆华	78	94	60	78	87	85	482	80.33	10	转正
HR007	郭达化	80	95	82	79	88	80	504	84.00	7	转正
HR008	陈恒	77	96	79	70	89	75	486	81.00	8	转正
HR009	李盛	87	97	90	89	81	89	533	88.83	1	转正
HR010	孙承斌	87	84	90	85	80	90	516	86.00	4	转正
HR011	张长军	76	72	69	80	85	85	462	77.00	11	辞退
HR012	毛登庚	72	85	78	70	76	70	451	75.17	12	辞退
各项最高分		90	97	92	90	89	90				

图 2-2-12　测评结果

【知识扩展】

1. 函数的分类

函数是 WPS 表格提供的用于数值计算和数据处理的公式，其参数可以是数字、文本、逻辑值、数组、错误值或单元格引用，也可以是常量、公式或其他函数。函数的语法以函数名称开始，后面是左括号、以逗号隔开的参数和右括号。如果函数要以公式形式出现，在函数名称前面输入等号 "=" 即可。

(1) 常用函数：就是经常使用的函数，包括 SUM、AVERAGE、IF、COUNT、MAX、SIN、SUMIF、PMT、STDEV、HYPERLINK 等。

(2) 财务函数：用于财务的计算，例如 PMT 可以根据利率、贷款金额和期限计算出所要支付的金额。

(3) 统计函数：用于对数据区域进行统计分析。

(4) 查找和引用函数：用于在数据清单或表格中查找特定数值或查找某一个单元格的引用。

(5) 信息函数：用于确定存储在单元格中的数据类型。

(6) 时间和日期函数：用于分析处理日期和时间值。系统内部的日期和时间函数包括 DATE、DATEVALUE、DAY、HOUR、TODAY、WEEKDAY、YEAR 等。

(7) 数学与三角函数：用于进行各种各样的数学计算，主要包括 ABS、PI、ROUND、SIN、TAN 等。

(8) 文本函数：用于处理文本字符串，主要包括 LEFT、MID、RIGHT 等。

(9) 逻辑函数：用于进行真假值判断或进行复合检查，主要包括 AND、OR、NOT、TRUE、FALSE、IF 等。

(10) 数据库函数：用于对存储在数据清单或数据库中的数据进行分析。

2. 编辑公式

单元格中的公式也可以像单元格中的其他数据一样被编辑，即可对其进行修改、复制、移动、删除等操作。

(1) 修改公式。选定要修改公式所在的单元格，此时该单元格处于编辑状态，然后在编辑栏中对公式进行修改，修改完成后，按回车键进行确认。

(2) 复制公式。选定要复制公式所在的单元格，选择 "开始" → "剪贴板" → "复制" 命令，然后选定目标单元格，选择 "剪贴板" → "粘贴" 命令，即可复制公式。

(3) 移动公式。选定要移动公式所在的单元格，当鼠标指针变为向四周扩展的箭头形状时，按住鼠标左键拖至目标单元格，释放鼠标即可。

(4) 删除公式。选定要删除公式所在的单元格，按 "Delete" 键，即可将单元格中的公式及其计算结果一同删除。

3. 命名公式

可以为经常使用的公式命名，以便于使用。其操作步骤如下：

(1) 选择 "公式" 选项卡，单击 "名称管理器" 按钮，在弹出的 "名称管理器" 对话框中单击 "新建" 按钮，弹出 "新建名称" 对话框，如图 2-2-13 所示。

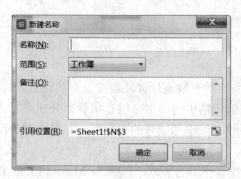

图 2-2-13　　"新建名称"对话框

(2) 在"名称"文本框中输入公式所要定义的名称,如"求平均值"。

(3) 在"引用位置"文本框中输入公式或函数,如输入"= AVERAGE(Sheet1! A2:C3)",表示将对工作表"Sheet1"中的"A2:C3"共 6 个单元格求平均数,单击"确定"按钮,关闭"新建名称"对话框,公式就添加好了,如图 2-2-14 所示。

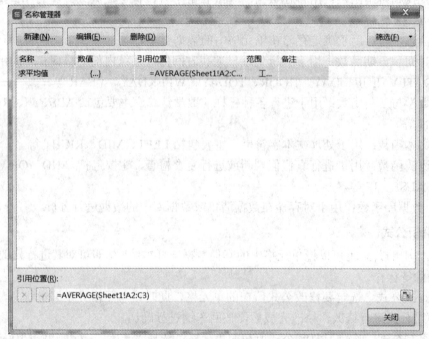

图 2-2-14　　"名称管理器"对话框

(4) 设置完成后,单击"关闭"按钮,即可完成公式的命名。

使用已命名公式的方法是粘贴名称。选定需要插入公式的单元格,选择"公式"选项卡,单击"粘贴"按钮,在弹出的"粘贴名称"对话框中选择"求平均值"命令,单击"确定"按钮,即可完成名称的粘贴。

4. 隐藏公式

如果不想让其他人看到自己所使用公式的细节,可以对公式进行隐藏操作。单元格中的公式隐藏后,再次选定该单元格时,编辑栏将不会出现原来的公式。

隐藏公式的具体操作步骤如下:

（1）选定要隐藏公式的单元格或单元格区域。

（2）选择"开始"选项卡，在"格式"下拉列表中选择"单元格"选项，弹出"单元格格式"对话框，切换到"保护"选项卡，如图 2-2-15 所示。

（3）在该选项卡中选中"隐藏"复选框，单击"确定"按钮。

（4）选择"审阅"选项卡，单击"保护工作表"按钮，弹出"保护工作表"对话框，如图 2-2-16 所示。

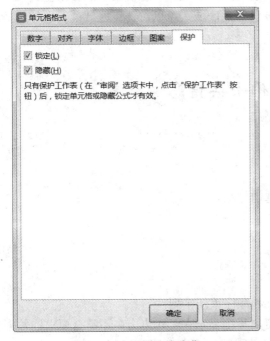

图 2-2-15　设置公式隐藏　　　　　　　　图 2-2-16　"保护工作表"对话框

（5）在该对话框中的"密码"文本框中输入密码，单击"确定"按钮，弹出"确认密码"对话框，如图 2-2-17 所示。

（6）在该对话框中的"重新输入密码"文本框中再次输入密码，单击"确定"按钮。

（7）设置完成后，公式将被隐藏，不再出现在编辑栏中，起到保护公式的作用。

用户需要显示隐藏的公式时，可以选择"审阅"选项卡，单击"撤消工作表保护"按钮，弹出"撤消工作表保护"对话框，如图 2-2-18 所示，在该对话框中的"密码"文本框中输入密码，单击"确定"按钮，即可撤消对工作表的保护，此时在编辑栏中将再次出现单元格中公式的内容。

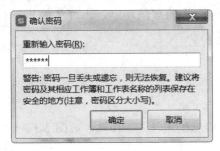

图 2-2-17　"确认密码"对话框　　　　　　图 2-2-18　"撤消工作表保护"对话框

5. 自动求和

在 WPS 表格的"开始"选项卡中有一个"求和"按钮，其下拉列表中包含了求和、平均值、计数、最大值、最小值等常用功能，可以方便地进行常用函数的求值。

以自动求和为例，具体操作步骤如下：

(1) 将光标定位在工作表中的任意一个单元格中。

(2) 单击"求和"按钮，将自动出现求和函数"SUM"以及求和的数据区域。

(3) 如果所选的数据区域并不是所要计算的区域，可以对计算区域重新进行选择，然后按回车键确认，即可得到计算结果。

任务三　制作士兵信息统计表

【学习目标】

(1) 掌握电子表格的排序操作。

(2) 掌握对数据进行筛选和高级筛选的方法。

(3) 掌握对数据进行分类汇总的方法。

(4) 学会 WPS 表格的打印方法。

【相关知识】

(1) 排序：将工作表中的数据按照某种顺序重新排列。

(2) 数据筛选：把符合条件的数据资料集中显示在工作表上，不符合要求的数据暂时隐藏在幕后。WPS 表格的筛选功能主要包括"自动筛选"和"高级筛选"两种。

(3) 数据分类汇总：将工作表中的数据按类别进行合计、统计、取平均数等汇总处理。

【任务说明】

已有的电子表格往往只是对原始数据的存储，数据间潜在的规律和特征并不能直接显现出来。为了从大量的原始数据中获得有用信息，就必须对数据进行一定的加工和处理，从而得到想要的结果。按照特定行或列数据的大小进行排序，依据某种条件将特定的数据筛选出来，对相关数据分类后进行汇总，以更加友好的方式显示分析后的结果等，都是常用的数据加工和处理手段。通过本任务的学习，掌握 WPS 表格中排序、筛选、汇总等数据操作，进一步学习 WPS 表格的高级功能。本任务的执行效果如图 2-3-1 所示。

【任务实施】

1. 打开工作簿文件

启动 WPS，打开已有的"E：\任务三\士兵信息统计表"工作簿，如图 2-3-2 所示。

图 2-3-1 任务三样例

图 2-3-2 士兵信息统计表

2. 排序

(1) 鼠标右键单击"士兵信息"工作表，在弹出的快捷菜单中单击"移动或复制工作

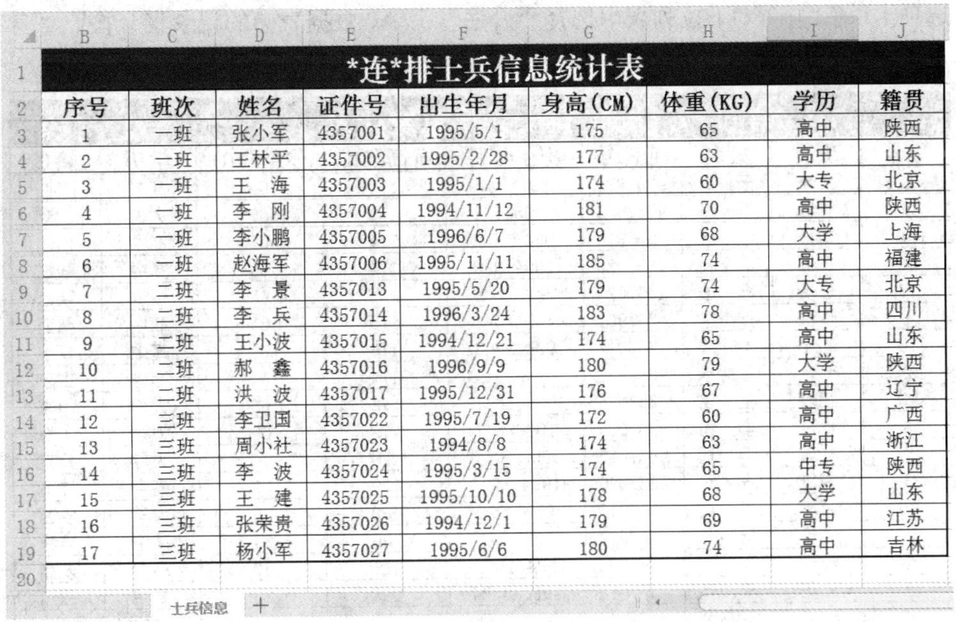

表"按钮，弹出"移动或复制工作表"对话框。在该对话框"下列选定工作表之前"列表中选择"(移至最后)"且选中"建立副本"选项，如图 2-3-3 所示。单击"确定"按钮，复制"士兵信息"工作表到所有工作表之后，重命名为"士兵信息排序"，如图 2-3-4 所示。

图 2-3-3　"移动或复制工作表"对话框　　　　　　图 2-3-4　工作表标签栏

(2) 按"身高"顺序排列全排人员信息。

切换到"士兵信息排序"工作表，选定"身高"列中的任意一个单元格，选择"开始"选项卡，在"排序"下拉列表中选择"升序"命令，数据表中的记录将会按照"身高"值的从低到高顺序排列，如图 2-3-5 所示。

*连*排士兵信息统计表								
序号	班次	姓名	证件号	出生年月	身高(CM)	体重(KG)	学历	籍贯
12	三班	李卫国	4357022	1995/7/19	172	60	高中	广西
3	一班	王海	4357003	1995/1/1	174	60	大专	北京
9	二班	王小波	4357015	1994/12/21	174	65	高中	山东
13	三班	周小社	4357023	1994/8/8	174	63	高中	浙江
14	三班	李波	4357024	1995/3/15	174	65	中专	陕西
1	一班	张小军	4357001	1995/5/1	175	65	高中	陕西
11	二班	洪波	4357017	1995/12/31	176	67	高中	辽宁
2	一班	王林平	4357002	1995/2/28	177	63	高中	山东
15	三班	王建	4357025	1995/10/10	178	68	大学	山东
5	一班	李小鹏	4357005	1996/6/7	179	68	大学	上海
7	二班	李景	4357013	1995/5/20	179	74	大专	北京
16	三班	张荣贵	4357026	1994/12/1	179	69	高中	江苏
10	二班	郝鑫	4357016	1996/9/9	180	79	大学	陕西
17	三班	杨小军	4357027	1995/6/6	180	74	高中	吉林
4	一班	李刚	4357004	1994/11/12	181	70	高中	陕西
8	二班	李兵	4357014	1996/3/24	183	78	高中	四川
6	一班	赵海军	4357006	1995/11/11	185	74	高中	福建

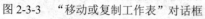

图 2-3-5　按"身高"升序排列

(3) 按身高顺序依次排列各班的人员信息。

　　选定数据表的任意一个单元格，选择"开始"选项卡，在"排序"下拉列表中选择"自定义排序"命令，或选择"数据"选项卡，单击"排序"按钮，弹出"排序"对话框，如图2-3-6所示。在"主要关键字"下拉列表中选择"班次"，选中"升序"；单击"添加条件"按钮，出现"次要关键字"选项，在"次要关键字"下拉列表中选择"身高(CM)"，选中"升序"。

　　选中"主要关键字"，单击"选项"按钮，弹出"排序选项"对话框，如图2-3-7所示，在"方式"区域中选中"笔画排序"单选项，单击"确定"按钮，关闭"排序选项"对话框。

图2-3-6　"排序"对话框　　　　　　　　　图2-3-7　"排序选项"对话框

单击"确定"按钮，完成排序设置，数据表的记录情况如图2-3-8所示。

序号	班次	姓名	证件号	出生年月	身高(CM)	体重(KG)	学历	籍贯
*连*排士兵信息统计表								
3	一班	王　海	4357003	1995/1/1	174	60	大专	北京
1	一班	张小军	4357001	1995/5/1	175	65	高中	陕西
2	一班	王林平	4357002	1995/2/28	177	63	高中	山东
5	一班	李小鹏	4357005	1996/6/7	179	68	大学	上海
4	一班	李　刚	4357004	1994/11/12	181	70	高中	陕西
6	一班	赵海军	4357006	1995/11/11	185	74	高中	福建
9	二班	王小波	4357015	1994/12/21	174	65	高中	山东
11	二班	洪　波	4357017	1995/12/31	176	67	高中	辽宁
7	二班	李　景	4357013	1995/5/20	179	74	大专	北京
10	二班	郝　鑫	4357016	1996/9/9	180	79	大学	陕西
8	二班	李　兵	4357014	1996/3/24	183	78	高中	四川
12	三班	李卫国	4357022	1995/7/19	172	60	高中	广西
13	三班	周小社	4357023	1994/8/8	174	63	高中	浙江
14	三班	李　波	4357024	1995/3/15	174	65	中专	陕西
15	三班	王　建	4357025	1995/10/10	179	68	大学	山东
16	三班	张荣贵	4357026	1994/12/1	179	69	高中	江苏
17	三班	杨小军	4357027	1995/6/6	180	74	高中	吉林

　　　　　　　　　　士兵信息　　士兵信息排序　　＋

图2-3-8　各班人员排序结果

3. 筛选

(1) 复制"士兵信息"工作表到所有工作表之后，并将其重命名为"士兵信息筛选"，如图2-3-9所示。

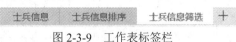

图2-3-9　工作表标签栏

(2) 使用自动筛选查看"学历"为"大学"的人员信息。

选定"学历"列中任意一个单元格,选择"开始"选项卡,在"筛选"下拉列表中单击"筛选"按钮,或选择"数据"选项卡,单击"自动筛选"按钮,这时,数据表中所有字段名的右侧都会添加一个下拉按钮,如图 2-3-10 所示。

序号	班次	姓名	证件号	出生年月	身高(CM)	体重(KG)	学历	籍贯
1	一班	张小军	4357001	1995/5/1	175	65	高中	陕西
2	一班	王林平	4357002	1995/2/28	177	63	高中	山东
3	一班	王 海	4357003	1995/1/1	174	60	大专	北京
4	一班	李 刚	4357004	1994/11/12	181	70	高中	陕西
5	一班	李小鹏	4357005	1996/6/7	179	68	大学	上海
6	一班	赵海军	4357006	1995/11/11	185	74	高中	福建
7	二班	李 景	4357013	1995/5/20	179	74	大专	北京
8	二班	李 兵	4357014	1996/3/24	183	78	高中	四川
9	二班	王小波	4357015	1994/12/21	174	65	高中	山东
10	二班	郝 鑫	4357016	1996/9/9	180	79	大学	陕西
11	二班	洪 波	4357017	1995/12/31	176	67	高中	辽宁
12	三班	李卫国	4357022	1995/7/19	172	60	高中	广西
13	三班	周小社	4357023	1994/8/8	174	63	高中	浙江
14	三班	李 波	4357024	1995/3/15	174	65	中专	陕西
15	三班	王 建	4357025	1995/10/10	178	68	大学	山东
16	三班	张荣贵	4357026	1994/12/1	179	69	高中	江苏
17	三班	杨小军	4357027	1995/6/6	180	74	高中	吉林

*连*排士兵信息统计表

士兵信息　士兵信息排序　士兵信息筛选　+

图 2-3-10　自动筛选

单击"学历"字段的下拉按钮,在打开的下拉列表中只选中"大学",如图 2-3-11 所示。单击"确定"按钮后,WPS 表格将自动在当前的数据清单中筛选出"学历"字段的值为"大学"的所有记录,如图 2-3-12 所示。

图 2-3-11　筛选下拉列表

5	一班	李小鹏	4357005	1996/6/7	179	68	大学	上海
10	二班	郝 鑫	4357016	1996/9/9	180	79	大学	陕西
15	三班	王 建	4357025	1995/10/10	178	68	大学	山东

*连*排士兵信息统计表

图 2-3-12　筛选结果

从工作表左侧的行号区域可以看出，系统只是对不符合筛选条件的记录进行了隐藏。

单击"数据"选项卡的"全部显示"按钮，就可以恢复所有记录的显示。或者单击"开始"选项卡中"筛选"下拉列表中的"全部显示"按钮。

(3) 使用自动筛选命令查看一班学历为"大专以上"的人员信息。

若要获得"一班"中"学历"为大专以上所有人员的信息，可以在单击"数据"选项卡"自动筛选"按钮后，先单击"班次"字段右侧的下拉按钮，在展开的下拉列表中选中"一班"，单击"确定"按钮；再单击"学历"字段右侧的下拉按钮，在展开的下拉列表中选中"大学"和"大专"，单击"确定"按钮。系统将自动筛选出符合条件的记录，如图 2-3-13 所示。

			*连*排士兵信息统计表					
3	一班	王　海	4357003	1995/1/1	174	60	大专	北京
5	一班	李小鹏	4357005	1996/6/7	179	68	大学	上海

图 2-3-13　筛选结果

(4) 使用高级筛选查看符合以下两个条件中任意一个的所有人员信息。

条件 1：编制在一班，1995 年 1 月 1 日以后出生，学历为"大学"；

条件 2：编制在三班，身高在"175 厘米"以上。

以上复杂条件的筛选，使用自动筛选已无法完成，这时需要使用高级筛选。

使用高级筛选的一般步骤如下：

① 选定一个空白单元格区域。

② 在该单元格区域中设置筛选条件。该条件区域至少包含两行，第一行为字段名行，以下各行为相应的条件值。

③ 单击数据表中的任意一个单元格。

④ 选择"开始"选项卡，在"筛选"下拉列表中单击"高级筛选"按钮。

要得到正确的高级筛选结果，最重要的是建立正确的条件区域，在条件区域中设置条件。建立条件区域要遵循下面的规则：

① 条件区域必须要有与表格中的源数据相同的列标题。条件区域中可以只包含那些需要对其设置条件的列标题。

② 在列标题下方的行中输入条件，条件中可以使用比较运算符。如果缺省，表示"等于"。

③ 在条件区域中，同一行的条件之间是"与"的关系，不同行的条件值之间是"或"的关系。

下面使用高级筛选说明建立以上筛选条件的详细过程。

① 单击"数据"选项卡中的"全部显示"按钮，恢复所有记录的显示。

② 在工作表下方创建如图 2-3-14 所示的条件区域，并编辑条件。

序号	班次	姓名	证件号	出生年月	身高(CM)	体重(KG)	学历	籍贯
	一班			1995/1/1			大学	
	三班				>175			

图 2-3-14　编辑高级筛选的条件区域

注意：条件 1 中的"一班"、出生日期和学历要求为"与"的关系，应编辑在同一行上，条件 2 中的"三班"和身高要求也为"与"的关系，编辑在同一行上；条件 1 和条件

2 为"或"的关系,应编辑在不同行上。

③ 选择"开始"选项卡,在"筛选"下拉菜单中单击"高级筛选"按钮,弹出"高级筛选"对话框,如图 2-3-15 所示。

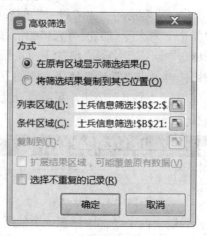

图 2-3-15 　"高级筛选"对话框

④ 在"高级筛选"对话框的"方式"区域,选择"在原有区域显示筛选结果";单击"列表区域"文本框右端的选定按钮,选定数据清单的全部区域,即"B2:J19";单击"条件区域"文本框右端的选定按钮,选定全部条件区域,即"B21:J23"。

⑤ 单击"确定"按钮,执行筛选,如图 2-3-16 所示,筛选结果将显示在原来数据清单的位置。

				*连*排士兵信息统计表					
2	序号	班次	姓名	证件号	出生年月	身高(CM)	体重(KG)	学历	籍贯
17	15	三班	王　建	4357025	1995/10/10	178	68	大学	山东
18	16	三班	张荣贵	4357026	1994/12/1	179	69	高中	江苏
19	17	三班	杨小军	4357027	1995/6/6	180	74	高中	吉林
20									
21	序号	班次	姓名	证件号	出生年月	身高(CM)	体重(KG)	学历	籍贯
22		一班			1995/1/1			大学	
23		三班				>175			

图 2-3-16 　高级筛选结果

高级筛选的结果可以显示在原有区域,也可以显示在其他区域。若不想保留在原有区域,应在"高级筛选"对话框中,选中"将筛选结果复制到其他位置"后,在"复制到"编辑框中指定结果显示位置(只要指定结果所在区域的第一个单元格即可)。但要注意:如果结果区域与原区域不在同一张工作表中,那么需要把条件区域与结果区域放置在同一张工作表中。

取消高级筛选,显示原有的所有记录的方法是:选择"数据"选项卡,单击"全部显示"按钮。

4. 分类汇总

(1) 复制"士兵信息"工作表到所有工作表之后,并将其重命名为"士兵信息分类汇总",如图 2-3-17 所示。

士兵信息   士兵信息排序   士兵信息筛选   **士兵信息分类汇总**   **+**

图 2-3-17   工作表标签栏

(2) 使用分类汇总统计各个"学历"层次的人员数量。

分类汇总是先根据关键字进行分类，然后进行汇总。分类的方式通过按照关键字进行排序来实现。

选择工作表中的任意一个单元格，单击"数据"选项卡中的"排序"按钮，弹出"排序"对话框。在对话框的"主要关键字"中选择"学历"，如图 2-3-18 所示。

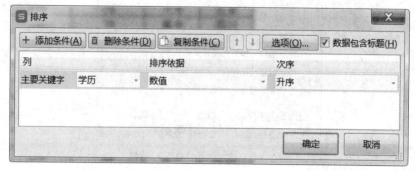

图 2-3-18   "排序"对话框

单击"确定"按钮，得到如图 2-3-19 所示排序结果，实现了按照"学历"字段分类。

				*连*排士兵信息统计表					
序号	班次	姓名	证件号	出生年月	身高(CM)	体重(KG)	学历	籍贯	
5	一班	李小鹏	4357005	1996/6/7	179	68	大学	上海	
10	二班	郝 鑫	4357016	1996/9/9	180	79	大学	陕西	
15	三班	王 建	4357025	1995/10/10	178	68	大学	山东	
3	一班	王 海	4357003	1995/1/1	174	60	大专	北京	
7	二班	李 景	4357013	1995/5/20	179	74	大专	北京	
1	一班	张小军	4357001	1995/5/1	175	65	高中	陕西	
2	一班	王林平	4357002	1995/2/28	177	63	高中	山东	
4	一班	李 刚	4357004	1994/11/12	181	70	高中	陕西	
6	一班	赵海军	4357006	1995/11/11	185	74	高中	福建	
8	二班	李 兵	4357014	1996/3/24	183	78	高中	四川	
9	二班	王小波	4357015	1994/12/21	174	65	高中	山东	
11	二班	洪 波	4357017	1995/12/31	176	67	高中	辽宁	
12	三班	李卫国	4357022	1995/7/19	172	60	高中	广西	
13	三班	周小社	4357023	1994/8/8	174	63	高中	浙江	
16	三班	张荣贵	4357026	1994/12/1	179	69	高中	江苏	
17	三班	杨小军	4357027	1995/6/6	180	74	高中	吉林	
14	三班	李 波	4357024	1995/3/15	174	65	中专	陕西	

图 2-3-19   分类结果

首先选中"B2:J19"单元格区域，然后选择"数据"选项卡，单击"分类汇总"按钮，弹出"分类汇总"对话框。在对话框的"分类字段"中选取"学历"，"汇总方式"中选取"计数"，"选定汇总项"选择默认，如图 2-3-20 所示。

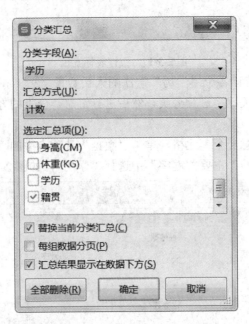

图 2-3-20　"分类汇总"对话框

单击"确定"按钮，得到如图 2-3-21 所示的分类汇总结果。

					*连*排士兵信息统计表				
序号	班次	姓名	证件号	出生年月	身高(CM)	体重(KG)	学历	籍贯
5	一班	李小鹏	4357005	1996/6/7	179	68	大学	上海
10	二班	郝　鑫	4357016	1996/9/9	180	79	大学	陕西
15	三班	王　建	4357025	1995/10/10	178	68	大学	山东
							大学 计数	3
3	一班	王　海	4357003	1995/1/1	174	60	大专	北京
7	二班	李　景	4357013	1995/5/20	179	74	大专	北京
							大专 计数	2
1	一班	张小军	4357001	1995/5/1	175	65	高中	陕西
2	一班	王林平	4357002	1995/2/28	177	63	高中	山东
4	一班	李　刚	4357004	1994/11/12	181	70	高中	陕西
6	一班	赵海军	4357006	1995/11/11	185	74	高中	福建
8	二班	李　兵	4357014	1996/3/24	183	78	高中	四川
9	二班	王小波	4357015	1994/12/21	174	65	高中	山东
11	二班	洪　波	4357017	1995/12/31	176	67	高中	辽宁
12	三班	李卫国	4357022	1995/7/19	172	60	高中	广西
13	三班	周小社	4357023	1994/8/8	174	63	高中	浙江
16	三班	张荣贵	4357026	1994/12/1	179	69	高中	江苏
17	三班	杨小军	4357027	1995/6/6	180	74	高中	吉林
							高中 计数	11
14	三班	李　波	4357024	1995/3/15	174	65	中专	陕西
							中专 计数	1
							总计数	17

图 2-3-21　分类汇总结果

5. 打印工作表

1) 页面设置

在打印工作表之前，一般要对工作表的打印方向、纸张大小、页边距及页眉和页脚等参数进行设置，使工作表有一个合乎规范的整体外观。页面设置的具体方法是：

　　一是直接用"页面布局"选项卡的"页面设置"组上的按钮设置；二是单击"页面设置"组右下角的"页面设置" <u>　</u> 按钮，弹出"页面设置"对话框，如图 2-3-22 所示。对话框共有四个选项卡，其中"页面""页边距"和"页眉/页脚"的设置与 WPS 文字中的页面设置类似。

　　在如图 2-3-23 所示的"工作表"选项卡中，可以设置具体的打印区域、打印标题和打印顺序等内容。

图 2-3-22　"页面设置"对话框之"页面"选项卡

图 2-3-23　"页面设置"对话框之"工作表"选项卡

2) 设置打印区域

若只想打印现有工作表中的部分信息，可以通过设置打印区域的方式进行打印。具体方法如下：

(1) 选定工作表中需要打印的单元格区域。

(2) 选择"页面布局"→"页面设置"→"打印区域"→"设置打印区域"命令。

若要取消已经设置的打印区域，可以选择"页面布局"→"页面设置"→"打印区域"→"取消打印区域"命令，实现打印区域的取消。

3) 打印预览

页面设置完成后，就可以进行打印预览操作。单击"文件"菜单，选择"打印"选项，在窗口中可以看到预览效果，如图 2-3-24 所示。

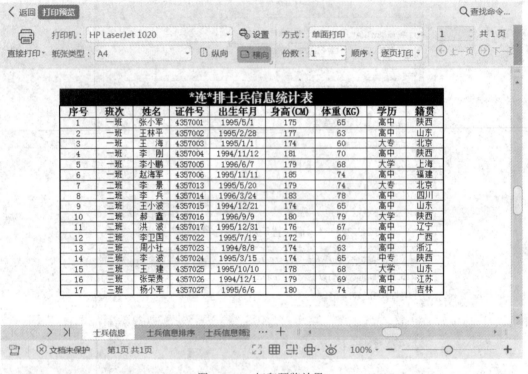

图 2-3-24　打印预览效果

4) 打印

打印预览后，如果对工作表的设置感到满意，就可以打印输出了。

在图 2-3-24 中，在对话框的"打印机"选区的"名称"下拉列表中选择使用的打印机名称，在"设置"选区中选择需要打印的具体内容以及打印范围。最后单击窗口上方的"直接打印"按钮即可进行打印。

6. 保存并退出

将工作簿保存到"E：\任务三\士兵信息统计表.et"后，退出 WPS 表格。

【课堂练习】

新建一个工作簿文件，将"士兵信息统计表"工作簿中的"士兵信息"工作表复制到新工作簿中，并完成以下内容：

(1) 使用姓氏的字母和笔画分别对全排人员信息进行排序,结果如图2-3-25和图2-3-26所示。

*连*排士兵信息统计表

序号	班次	姓名	证件号	出生年月	身高(CM)	体重(KG)	学历	籍贯
10	二班	郝 鑫	4357016	1996/9/9	180	79	大学	陕西
11	二班	洪 波	4357017	1995/12/31	176	67	高中	辽宁
8	二班	李 兵	4357014	1996/3/24	183	78	高中	四川
14	三班	李 波	4357024	1995/3/15	174	65	中专	陕西
4	一班	李 刚	4357004	1994/11/12	181	70	高中	陕西
7	二班	李 景	4357013	1995/5/20	179	74	大专	北京
12	三班	李卫国	4357022	1995/7/19	172	60	高中	广西
5	一班	李小鹏	4357005	1996/6/7	179	68	大学	上海
3	一班	王 海	4357003	1995/1/1	174	60	大专	北京
15	三班	王 建	4357025	1995/10/10	178	68	大学	山东
2	一班	王林平	4357002	1995/2/28	177	63	高中	山东
9	二班	王小波	4357015	1994/12/21	174	65	高中	山东
17	三班	杨小军	4357027	1995/6/6	180	74	高中	吉林
16	三班	张荣贵	4357026	1994/12/1	179	69	高中	江苏
1	一班	张小军	4357001	1995/5/1	175	65	高中	陕西
6	一班	赵海军	4357006	1995/11/11	185	74	高中	福建
13	三班	周小社	4357023	1994/8/8	174	63	高中	浙江

图 2-3-25 按姓氏字母顺序排序

*连*排士兵信息统计表

序号	班次	姓名	证件号	出生年月	身高(CM)	体重(KG)	学历	籍贯
15	三班	王 建	4357025	1995/10/10	178	68	大学	山东
3	一班	王 海	4357003	1995/1/1	174	60	大专	北京
9	二班	王小波	4357015	1994/12/21	174	65	高中	山东
2	一班	王林平	4357002	1995/2/28	177	63	高中	山东
4	一班	李 刚	4357004	1994/11/12	181	70	高中	陕西
8	二班	李 兵	4357014	1996/3/24	183	78	高中	四川
14	三班	李 波	4357024	1995/3/15	174	65	中专	陕西
7	二班	李 景	4357013	1995/5/20	179	74	大专	北京
5	一班	李小鹏	4357005	1996/6/7	179	68	大学	上海
12	三班	李卫国	4357022	1995/7/19	172	60	高中	广西
17	三班	杨小军	4357027	1995/6/6	180	74	高中	吉林
1	一班	张小军	4357001	1995/5/1	175	65	高中	陕西
16	三班	张荣贵	4357026	1994/12/1	179	69	高中	江苏
13	三班	周小社	4357023	1994/8/8	174	63	高中	浙江
6	一班	赵海军	4357006	1995/11/11	185	74	高中	福建
10	二班	郝 鑫	4357016	1996/9/9	180	79	大学	陕西
11	二班	洪 波	4357017	1995/12/31	176	67	高中	辽宁

图 2-3-26 按姓氏笔画顺序排序

(2) 筛选出 1995 年以后出生的人员信息，结果如图2-3-27 所示。

*连*排士兵信息统计表								
1	一班	张小军	4357001	1995/5/1	175	65	高中	陕西
2	一班	王林平	4357002	1995/2/28	177	63	高中	山东
5	一班	李小鹏	4357005	1996/6/7	179	68	大学	上海
6	一班	赵海军	4357006	1995/11/11	185	74	高中	福建
7	二班	李　景	4357013	1995/5/20	179	74	大专	北京
8	二班	李　兵	4357014	1996/3/24	183	78	高中	四川
10	二班	郝　鑫	4357016	1996/9/9	180	79	大学	陕西
11	二班	洪　波	4357017	1995/12/31	176	67	高中	辽宁
12	三班	李卫国	4357022	1995/7/19	172	60	高中	广西
14	三班	李　波	4357024	1995/3/15	174	65	中专	陕西
15	三班	王　建	4357025	1995/10/10	178	68	大学	山东
17	三班	杨小军	4357027	1995/6/6	180	74	高中	吉林

图 2-3-27　1995 年以后出生人员信息

(3) 统计各班人员的数量，结果如图 2-3-28 所示。

	A	B	C	D	E	F	G	H	I	J
1		*连*排士兵信息统计表								
2		序号	班次	姓名	证件号	出生年月	身高(CM)	体重(KG)	学历	籍贯
3		1	一班	张小军	4357001	1995/5/1	175	65	高中	陕西
4		2	一班	王林平	4357002	1995/2/28	177	63	高中	山东
5		3	一班	王　海	4357003	1995/1/1	174	60	大专	北京
6		4	一班	李　刚	4357004	1994/11/12	181	70	高中	陕西
7		5	一班	李小鹏	4357005	1996/6/7	179	68	大学	上海
8		6	一班	赵海军	4357006	1995/11/11	185	74	高中	福建
9			**一班 计数**	6						
10		7	二班	李　景	4357013	1995/5/20	179	74	大专	北京
11		8	二班	李　兵	4357014	1996/3/24	183	78	高中	四川
12		9	二班	王小波	4357015	1994/12/21	174	65	高中	山东
13		10	二班	郝　鑫	4357016	1996/9/9	180	79	大学	陕西
14		11	二班	洪　波	4357017	1995/12/31	176	67	高中	辽宁
15			**二班 计数**	5						
16		12	三班	李卫国	4357022	1995/7/19	172	60	高中	广西
17		13	三班	周小社	4357023	1994/8/8	174	63	高中	浙江
18		14	三班	李　波	4357024	1995/3/15	174	65	中专	陕西
19		15	三班	王　建	4357025	1995/10/10	178	68	大学	山东
20		16	三班	张荣贵	4357026	1994/12/1	179	69	高中	江苏
21		17	三班	杨小军	4357027	1995/6/6	180	74	高中	吉林
22			**三班 计数**	6						
23			**总计数**	17						

图 2-3-28　统计各班人员数量

【知识扩展】

1. 数据透视表

分类汇总一般按一个字段进行分类，若要按多个字段进行分类，则可以利用数据透视表实现。数据透视表是一种对大量数据进行快速汇总和建立交叉列表的交互式表格，它不仅可以转换行和列来显示源数据的不同汇总结果，也可以显示不同页面的筛选数据，还可以根据用户的需要显示区域中的细节数据。

1) 数据透视表的建立

以“士兵信息统计表”工作簿中“士兵信息”工作表为例，建立显示人员学历统计信息的数据透视表，具体操作步骤如下：

(1) 选定"士兵信息"工作表数据清单中的任意一个单元格，切换到"插入"选项卡，单击"数据透视表"按钮，弹出"创建数据透视表"对话框。如图 2-3-29 所示。

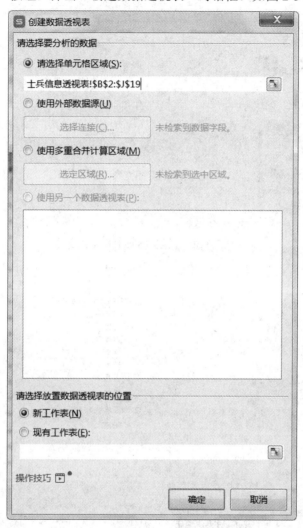

图 2-3-29　"创建数据透视表"对话框

(2) 在"创建数据透视表"对话框的"请选择要分析的数据"区域，选中"请选择单元格区域"选项，在"请选择单元格区域"文本框中输入"士兵信息透视表!$B$2:$J$19"；也可以单击文本框右端的选定按钮，然后在工作表中选择数据源区域。在对话框的"请选择放置数据透视表的位置"区域，选中"新工作表"选项，单击"确定"按钮，结果如图 2-3-30 所示。此时"士兵信息统计表"工作簿生成一个新的工作表"sheet1"，在"sheet1"的右侧是"字段列表"。

(3) 根据需要统计的内容在字段列表处进行选择。选中"班次"字段，将其拖入"行标签"处；选中"学历"字段，将其分别拖入"列标签"和"Σ数值"处。最后将 B3 单元格中的"列标签"改为"学历"，将 A4 单元格中的"行标签"改为"班次"。数据透视表就完成了，如图 2-3-31 所示。

图 2-3-30　新建"Sheet1"工作表

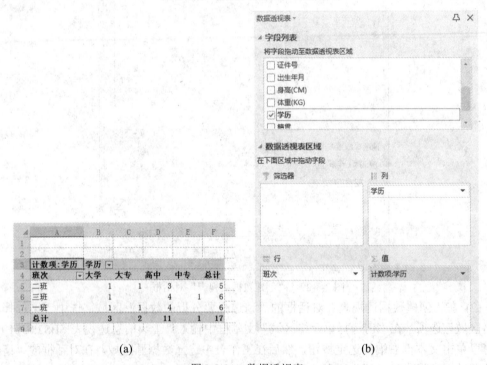

(a)　　　　　　　　　　　　　　　(b)

图 2-3-31　数据透视表

2) 编辑数据透视表

数据透视表建好后，可通过单击字段名按钮或顶端的箭头，在弹出的下拉列表中选择分类项，从而得到不同的报表。

数据透视表被分成了四个区域，各个区域的含义如下：

筛选器：将选定的字段作为数据透视表中分页显示的项目。

列标签：将选定的字段作为数据透视表中的列标题。

行标签：将选定的字段作为数据透视表中的行标题。

∑ 数值：将选定的字段作为数据透视表中的汇总项目。

对数据透视表的编辑可通过图 2-3-32 所示相关命令来实现。

图 2-3-32 "数据透视表"编辑功能

2. 字符串的排序规则

对于由数字和英文大小写字母和中文字符构成的字符串，在比较两个字符串时，应从左侧起始字符开始，对对应位置的字符进行比较，比较的基本原则是：

(1) 数字<字母<中文，其中大写字母<小写字母。

(2) 字符从小到大的顺序按照 ASCII 码大小排序。如果两个文本字符串除了连字符不同外，其余都相同，则带连字符的文本排在后面。

(3) 中文字符的排序按中文字符全拼字母的顺序进行比较(例如 jan<je)。

(4) 如果某个字符串中对应位置的字符大，则该字符串较大，比较停止。

(5) 当被比较的两个字符相同时，进入下一个字符的比较，如果某个字符串已经结束，则结束的字符串较小(例如 jian<jiang)。

任务四 制作射击训练统计图表

【学习目标】

(1) 掌握使用图表向导创建图表的一般操作过程。

(2) 掌握对图表类型、图表源数据、图表选项、图表位置进行修改的方法。

(3) 掌握对图表中图表区、绘图区、分类轴、网格线、图例等元素进行调整的方法，以及对图表背景、颜色、字体等内容进行修饰的方法。

【相关知识】

图表是 WPS 表格最常用的对象之一，它是依据选定的工作表单元格区域内的数据，按照一定的数据系列生成的，是工作表数据的图形化表示。与工作表数据相比，图表能形象地反映数据的对比关系及趋势，可以将抽象的数据形式化。当数据源发生变化时，图表中对应的数据也会自动更新。

WPS 表格提供的图表有柱形图、折线图、饼图、条形图、面积图、散点图、股价图、组合图、圆环图、气泡图、雷达图等 11 种类型，而且每种图表还有若干个子类型。

下面介绍几种常见的图表：

1. 柱形图和条形图

柱形图和条形图主要用于显示一个或多个数据系列间数值的大小关系。

2. 折线图

折线图通常用来表示一段时间内某种数值的变化情况，常见的如股票价格折线图等。

3. 饼图

饼图用于显示数据系列中每一项与该系列数值总和的比例关系，一般只显示一个数据系列。比如表示各种商品的销售量与全年销售量的比例、人员学历结构比例等，都可以用饼图来表示。

4. 散点图

散点图多用于绘制科学实验数据或数学函数等图形。例如绘制正弦和余弦曲线。

5. 圆环图

圆环图与饼图类似，也用于表示部分数据与整体数据间的关系，但它可以显示多个数据系列。

6. 组合图

组合图指的是在一个图表中，使用两种或多种图表类型来表示不同类型数据的图表。

【任务说明】

本任务将学习如何在 WPS 表格中创建图表，以及编辑图表的格式，最终的效果如图2-4-1 所示。

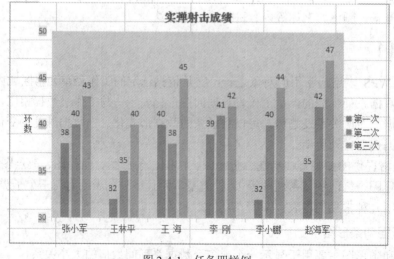

图 2-4-1　任务四样例

【任务实施】

1. 打开工作簿文件

启动 WPS，在首页中选择"打开"命令，弹出"打开文件"对话框，在对话框中选择已有的"实弹射击成绩表.et"文件，单击"打开"按钮，打开已有的工作簿文件，该工作簿中工作表的内容如图 2-4-2 所示。

**班实弹射击成绩表

姓名	第一次	第二次	第三次
张小军	38	40	43
王林平	32	35	40
王　海	40	38	45
李　刚	39	41	42
李小鹏	22	40	44
赵海军	35	42	47

图 2-4-2　成绩表

2. 插入图表

1) 选择图表类型

选定工作表中用于生成图表的"B2:E8"单元格区域，选择"插入"→"图表"→"柱形图"命令，在选项列表中选择"簇状柱形图"，在工作表区域，插入如图 2-4-3 所示的图表。

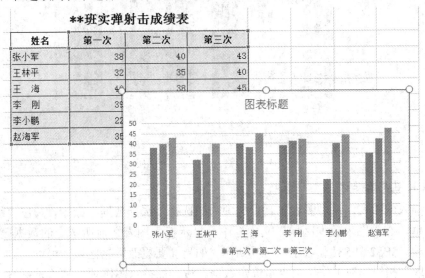

图 2-4-3　插入"簇状柱形图"

2) 调整图表的大小和位置

在工作表区域插入图表后，首先要调整好图表的大小和位置。

(1) 选定图表。

在图表区域中的空白处单击鼠标左键，即可选定图表。图表被选定后，图表周围将会出现 8 个控制点。

(2) 调整图表大小。

将鼠标指针移动到一个控制点上，当鼠标指针变为箭头形状时，按住鼠标左键并拖动该控制点到合适位置，即可完成图表大小的调整。

(3) 调整图表的位置。

将鼠标指针移动到图表区域的空白处后，按住鼠标左键并拖动。在拖动过程中，将以虚线框的形式显示图表移动的目标位置，到达合适位置后，松开鼠标左键，即可完成图表位置的调整。

如图 2-4-4 所示，调整图表的大小和位置，使图表覆盖工作表的"A10:F22"单元格区域。

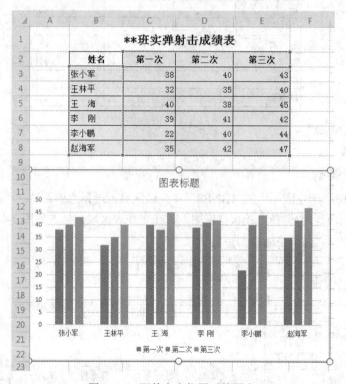

图 2-4-4　调整大小位置后的图表

3) 设置图表数据源

选择插入的图表，在"图表工具"选项卡中选择"选择数据"命令，弹出"编辑数据源"对话框，在"图表数据区域"文本框中，显示插入图表之前所选定的数据区域"=实弹射击成绩! $B$2:$E$8"，如图 2-4-5 所示。如果需要更改数据区域，可以单击文本框右端的"选取"按钮，在工作表中重新选定数据区域。保持"图例项"和"轴标签"中的设置不变，单击"确定"按钮，关闭对话框。

4) 图表外观设置

图表外观包括：图表标题、坐标轴、网格线，图例和数据标签，下面就对这些图表外观进行设置。

图 2-4-5 设置图表数据源

(1) 图表标题。

选定图表，在"图表工具"选项卡的"添加元素"下拉列表中选择"图表标题"，在选项列表中选择"图表上方"，在图表上方出现"图表标题"文本框，单击文本框并将其中文字修改为"实弹射击成绩"，如图 2-4-6 所示。

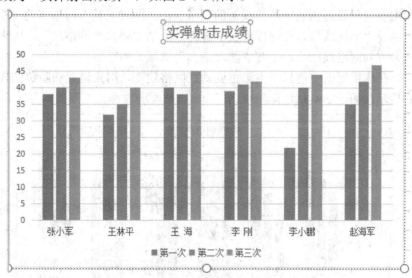

图 2-4-6 设置图表标题

(2) 坐标轴。

① 坐标轴标题：选定图表，在"图表工具"选项卡的"添加元素"下拉列表中选择"轴标题"，在选项列表中选择"主要横向坐标轴"，在图表下方出现"坐标轴标题"文本框，将图表中出现的文本框中的文字"坐标轴标题"改为"人员"；在"图表工具"选项卡的"添加元素"下拉列表中选择"轴标题"，在选项列表中选择"主要纵向坐标轴题"，在图表左边出现"坐标轴标题"文本框，将图表中出现的文本框中的文字"坐标轴标题"改为"环数"，并将其文字方向修改为"竖排"。

② 坐标轴：在"图表工具"选项卡的"添加元素"下拉列表中选择"坐标轴"，在选项列表中选择"主要横向坐标轴"，用来设置和隐藏图表中 X 轴的标记显示；在"图表工具"选项卡的"添加元素"下拉列表中选择"坐标轴"，在选项列表中选择"主要纵向坐标轴"，用来设置和隐藏图表中 Y 轴的标记显示，如图 2-4-7 所示。

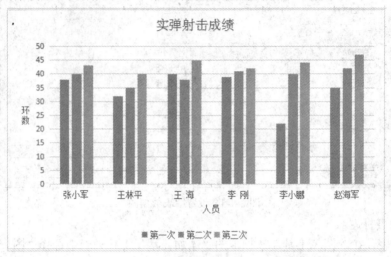

图 2-4-7 设置坐标轴

(3) 网格线。

网格线主要用于设置图表中网格线条的显示。在"图表工具"选项卡的"添加元素"下拉列表中选择"网格线"，在选项列表中选择"主轴主要水平网格线"，用来设置和隐藏图表中水平方向网格线的显示；在"图表工具"选项卡的"添加元素"下拉列表中选择"网格线"，在选项列表中选择"主轴主要垂直网格线"，用来设置和隐藏图表中垂直方向网格线的显示，如图 2-4-8 所示。

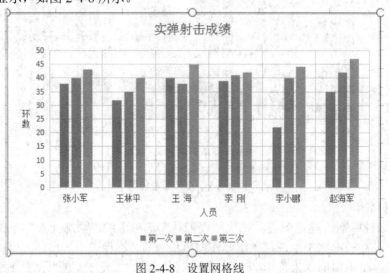

图 2-4-8 设置网格线

(4) 图例。

图例主要用于设置在图表中是否显示图例，以及图例的显示位置。在"图表工具"选项卡的"添加元素"下拉列表中选择"图例"，在选项列表中选择"右侧"，此时图表中有图例显示，并且位于图表的右侧，如图 2-4-9 所示。

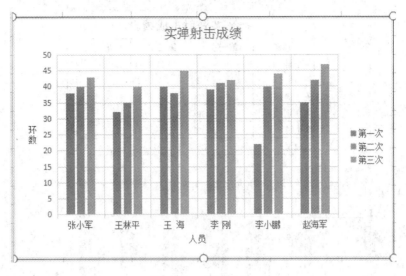

图 2-4-9　设置图例

(5) 数据标签。

数据标签主要用于设置图表中数据标签的显示内容。在"图表工具"选项卡的"添加元素"下拉列表中选择"数据标签"，在选项列表中选择"数据标签外"，此时在图表中显示了数据标签，并且数据显示在柱形图的上方，如图 2-4-10 所示。

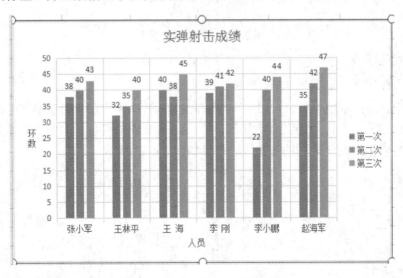

图 2-4-10　设置数据标签

3. 图表的自动更新

所创建图表的显示信息是与其数据区域中的数值紧密相关的，如果数据区域中的数值发生变化，图表的显示内容将自动更新。

修改实弹射击工作表中 C7 单元格的数值为"32"，可以看到"实弹射击成绩"图的显示信息自动进行了更新，如图 2-4-11 所示。

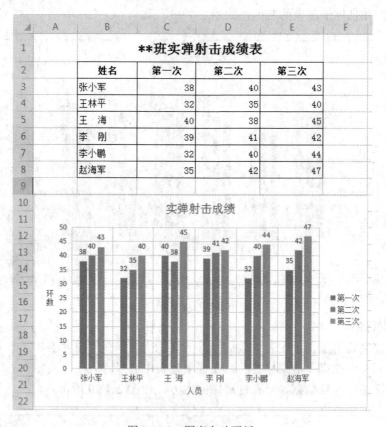

图 2-4-11　图表自动更新

4. 格式化图表

1) 图表区

选中工作表中图表的图表区,选择"图表工具"选项卡中的"设置格式"命令,弹出图表区"属性"对话框,如图 2-4-12 所示。为图表设置带有阴影的自定义边框,线条使用"蓝色",宽度为"0.25 磅"的细实线,效果如图 2-4-13 所示。

图 2-4-12　图表区"属性"对话框

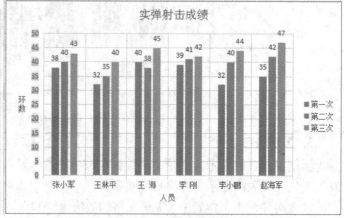

图 2-4-13　设置图表区边框

2) 图表标题

选中图表标题"实弹射击成绩"后，选择"开始"→"字体"→"字体"选项，设置中文字体为"华文中宋"，字形为"加粗"，字号为"12 磅"。选定 X 轴上标题"人员"，按"Delete"键将其删除，最终效果如图 2-4-14 所示。

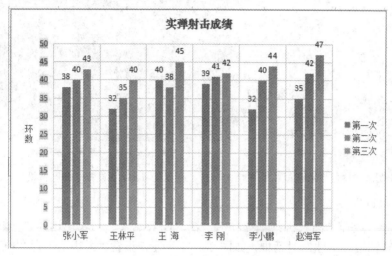

图 2-4-14　设置图表标题

3) 绘图区

选中图表，选择"图表工具"选项卡，在"图表元素"列表中选择"绘图区"命令，此时，图表中的绘图区处于选定状态，出现一个由边框标识绘图区的范围。拖动绘图区上边框和下边框中间的控制点，在不覆盖其他对象的前提下，将绘图区的高度调整到最大，效果如图 2-4-15 所示。

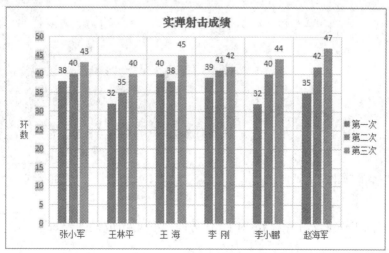

图 2-4-15　设置绘图区大小

选中图表，选择"图表工具"选项卡，在"图表元素"列表中选择"绘图区"命令，弹出绘图区"属性"对话框，如图 2-4-16 所示。设置绘图区的背景颜色为"天蓝色"，效果如图 2-4-17 所示。

图 2-4-16　绘图区"属性"对话框

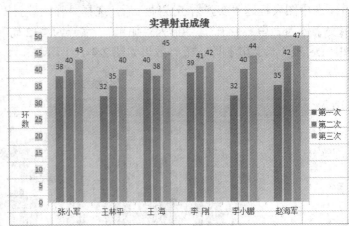

图 2-4-17　　设置绘图区背景

4) 垂直(值)轴

选中图表,选择"图表工具"选项卡,在"图表元素"列表中选择"垂直(值)轴"命令,弹出坐标轴"属性"对话框,如图 2-4-18 所示。设置"最小值"为"30",设置"最大值"为"50",设置"主要"为"5",效果如图 2-4-19 所示。

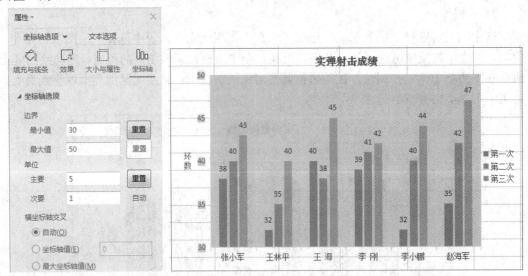

图 2-4-18　坐标轴"属性"对话框　　　　　图 2-4-19　　设置坐标轴格式

5. 保存

将设置好的工作簿文件保存到"E:\任务四\实弹射击成绩图表.et"。

【课堂练习】

根据任务四已有的数据,制作全班人员三次实弹射击成绩的折线图,并将该图插入到工作簿中,最终的效果如图 2-4-20 所示。

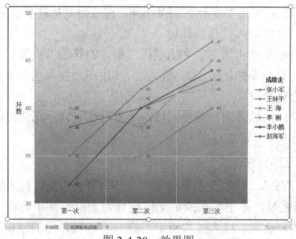

图 2-4-20 效果图

【知识扩展】

1. 删除图表

若要删除工作表中已有的图表,可以在选定图表对象后,切换到"开始"选项卡,选择"格式"下拉列表中的"清除"选项,在其下拉列表中单击"全部"按钮,或单击键盘的"Delete"按键,删除图表对象。

2. 更改图表类型

图表制作完成后,还可以改变其图表类型,如把柱形图变成饼图、折线图等。

更改图表类型的操作方法如下:

(1) 选中图表,选择"图表工具"选项卡,单击"更改类型"按钮,弹出"更改图表类型"对话框。或者选中图表,单击鼠标右键,在弹出的快捷菜单中选择"更改图表类型"命令,弹出"更改图表类型"对话框。

(2) 在"更改图表类型"对话框中,选择需要更改为的图表类型,单击"插入"按钮,原图表即可更改为新的图表类型。

任务五 制作学员体能考核成绩统计表

【学习目标】

综合利用前面所学基本理论知识,通过学习实际案例,提高解决现实问题的能力。

【相关知识】

1. 工作表中行、列、单元格的设置方法

单独调整一行:选中这一行,右键单击行号,选择"行高"进行调整,此时可以直接看到这个值。

选择多行进行调整：如果很多行的高度不同，直接用光标选择行号以后，选中所有行，在行号上单击右键，直接输入行高值即可。

单独调整列宽：在光标所选中的列上单击右键，直接修改列宽。

多列一起进行调整：光标选中当前列，然后直接向后拉，选中多列后，单击右键，将选中列的列宽一起进行修改。

单元格进行调整：光标选中当前单元格，单击鼠标右键，在弹出的快捷菜单中设置单元格格式。

2. 输入文本的三种方法

(1) 输入数据前先输入一个英文的单引号"'"，则软件会自动将输入的数值转换成文本型。

(2) 在输入数据之前，先把所在的单元格设置为文本。在单元格上单击鼠标右键，选择"设置单元格格式"命令，或者按快捷键"Ctrl+1"。在弹出的窗口中，选择"数字"→"文本"→"确定"命令。

(3) 先在单元格中直接输入数据。然后选中单元格，选择"数据"→"分列"命令，在弹出的窗口中使用默认设置，单击"下一步"按钮。最后选择"下一步"→"文本"→"完成"命令。

3. WPS 表格图表的制作

WPS 表格提供的图表有柱形图、折线图、饼图、条形图、面积图、XY 散点图、股价图、曲面图、圆环图、气泡图、雷达图等 11 种类型，而且每种图表还有若干个子类型。

本任务中主要用到的是簇状柱形图，簇状柱形图分为组间柱形图和组内柱形图。组间簇状图又称双维度柱形图，适用于分析有层级关系的数据。组内柱形图中的矩形一般按照对比维度字段切分并列生长，采用不同的颜色来反映对比维度间的关系，适用于分析对比组内各项数据。

【任务说明】

本任务通过学员体能考核成绩统计表的制作，将前面所学的知识应用到实际工作中，使学习者能进一步掌握 WPS 表格的操作。本任务的效果如图 2-5-1 所示。

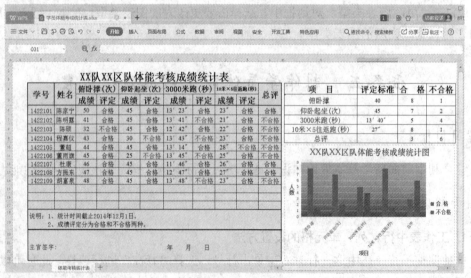

图 2-5-1　任务五样例

【任务实施】

1. 打开工作簿文件

启动 WPS 表格，打开已有的"体能考核统计表"工作簿文件，如图 2-5-2 所示。

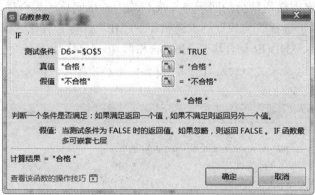

XX队XX区队体能考核成绩统计表

学号	姓名	俯卧撑(次)		仰卧起坐(次)		3000米跑(秒)		10米×5往返跑(秒)		总评
		成绩	评定	成绩	评定	成绩	评定	成绩	评定	
1422101	陈家宁	50		45		13′23″		23″		
1422102	陈明鑫	41		45		13′41″		21″		
1422103	陈硕	32		45		12′42″		22″		
1422104	程嘉仪	43		30		13′43″		23″		
1422105	董超	44		45		13′14″		28″		
1422106	董雨旗	45		25		13′45″		25″		
1422107	杜康	46		45		11′46″		26″		
1422108	方振东	47		45		12′47″		27″		
1422109	胡富泉	48		45		13′48″		23″		

说明：1、统计时间截止2014年12月1日。
　　　2、成绩评定分为合格和不合格两种。

主官签字：　　　　　　　　　年　　月　　日

项　目	评定标准	合　格	不合格
俯卧撑	40		
仰卧起坐(次)	45		
3000米跑(秒)	13′40″		
10米×5往返跑(秒)	27″		
总评			

体能考核统计表　+

图 2-5-2　体能考核统计表

2. 成绩评定

1) 单项成绩评定

选定 E6 单元格，选择"公式"→"逻辑"→"IF"命令，打开"函数参数"对话框，如图 2-5-3 所示。

图 2-5-3　"函数参数"对话框之评定单项成绩

IF 函数的功能是判断是否满足某个条件，如果满足则返回一个值，如果不满足则返回另一个值，它有三个参数：

(1) 测试条件：判断表达式或值，计算结果为 TURE 或 FALSE。这里需要判断第一名学员的"俯卧撑"成绩是否合格，因此将成绩与右表中的俯卧撑标准相比较，大于等于标准成绩的为"合格"，所以在文本框里输入 D6>=$O$5。(注意：这里要用绝对引用。)

(2) 真值：当测试条件为 TRUE 时的返回值；文本框输入"合格"。

(3) 假值：当测试条件为 FALSE 时的返回值；文本框里输入"不合格"。

单击"确定"按钮，评定第一名学员的俯卧撑成绩。

选定 E6 单元格，并将光标移动到该单元格右下角的填充柄处，当光标指针变为实心的"十"字形状时，按下鼠标左键，拖动到 E14 单元格上方后，松开鼠标左键，即可完成公式填充，此时表中每位学员的俯卧撑成绩都已经通过函数评定出来了。

在 G6 单元格中输入"=IF(F6>=$O$6, "合格", "不合格")"；在 I6 单元格里输入"=IF(H6<=$O$7, "合格", "不合格")"；在 K6 单元格里输入"=IF(J6<=$O$8, "合格", "不合格")"。可以分别评定第一名学员的仰卧起坐、3000 米跑和 10 米×5 往返跑的成绩。然后用复制公式的方法，将所有学员的单项成绩评定出来，结果如图 2-5-4 所示。

XX队XX区队体能考核成绩统计表

学号	姓名	俯卧撑(次)		仰卧起坐(次)		3000米跑(秒)		10米×5往返跑(秒)		总评
		成绩	评定	成绩	评定	成绩	评定	成绩	评定	
1422101	陈家宁	50	合格	45	合格	13′23″	合格	23″	合格	
1422102	陈明露	41	合格	45	合格	13′41″	不合格	21″	合格	
1422103	陈硕	32	不合格	45	合格	12′42″	合格	22″	合格	
1422104	程嘉仪	43	合格	30	不合格	13′43″	不合格	23″	合格	
1422105	董超	44	合格	45	合格	13′14″	合格	28″	不合格	
1422106	董雨旗	45	合格	25	不合格	13′45″	不合格	23″	合格	
1422107	杜康	46	合格	45	合格	11′46″	合格	26″	合格	
1422108	方振东	47	合格	45	合格	12′47″	合格	27″	合格	
1422109	胡富泉	48	合格	45	合格	13′48″	不合格	23″	合格	

项　目	评定标准	合　格	不合格
俯卧撑	40		
仰卧起坐(次)	45		
3000米跑(秒)	13′40″		
10米×5往返跑(秒)	27″		
总评			

说明：1、统计时间截止2014年12月1日。
　　　2、成绩评定分为合格和不合格两种。

主官签字：　　　　　　　　　　　　年　　月　　日

体能考核统计表　+

图 2-5-4　评定完单项成绩

2) 总评成绩评定

总评成绩的评定方法是学员的四项考核成绩均为合格则总评为合格，否则为不合格。

选定 L6 单元格，选择"公式"→"逻辑"→"IF"命令，弹出"函数参数"对话框，在测试条件框里输入 AND(E6="合格", G6="合格", I6="合格", K6="合格")；真值框里输入"合格"；假值框里输入"不合格"，如图 2-5-5 所示。单击"确定"按钮，即可评定出第一名学员的总评成绩。

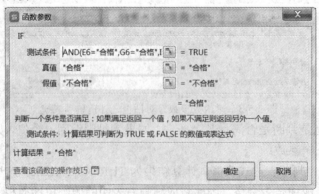

图 2-5-5　"IF 函数参数"对话框之评定总评成绩

选定 L6 单元格，并将光标移动到该单元格的右下角的填充柄处，当光标指针变为实心的"十"字形状时，按下鼠标左键，拖动到 L14 单元格上方后，松开鼠标左键，即可完成公式的填充，将表中每位学员的总评成绩评定出来，结果如图 2-5-6 所示。

XX队XX区队体能考核成绩统计表

学号	姓名	俯卧撑(次)		仰卧起坐(次)		3000米跑(秒)		10米×5往返跑(秒)		总评
		成绩	评定	成绩	评定	成绩	评定	成绩	评定	
1422101	陈家宁	50	合格	45	合格	13′23″	合格	23″	合格	合格
1422102	陈明露	41	合格	45	合格	13′41″	不合格	21″	合格	不合格
1422103	陈硕	32	不合格	45	合格	12′42″	合格	22″	合格	不合格
1422104	程嘉仪	43	合格	30	不合格	13′43″	不合格	23″	合格	不合格
1422105	董超	44	合格	45	合格	13′14″	合格	28″	不合格	不合格
1422106	董雨旗	45	合格	25	不合格	13′45″	不合格	25″	合格	不合格
1422107	杜康	46	合格	45	合格	11′46″	合格	26″	合格	合格
1422108	方振东	47	合格	45	合格	12′47″	合格	27″	合格	合格
1422109	胡富泉	48	合格	45	合格	13′48″	不合格	23″	合格	不合格

项 目	评定标准	合 格	不合格
俯卧撑	40		
仰卧起坐(次)	45		
3000米跑(秒)	13′40″		
10米×5往返跑(秒)	27″		
总评			

说明：1、统计时间截止2014年12月1日。
　　　2、成绩评定分为合格和不合格两种。

主官签字：　　　　　　　　　　年　月　日

图 2-5-6　成绩评定结果

3. 突出显示

将统计表中测试成绩结果为"不合格"的突出显示，在这里使用"条件格式"来完成。

选定工作表的数据区"D6:L14"，选择"开始"→"条件格式"→"突出显示单元格规则"→"等于"命令，弹出"等于"规则设置对话框，如图 2-5-7 所示。在"为等于以下值的单元格设置格式："下的文本框中输入"不合格"；在"设置为"列表中选择"红色文本"，单击"确定"按钮，结果如图 2-5-8 所示。

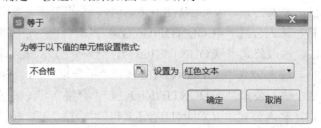

图 2-5-7　"等于"规则设置对话框

XX队XX区队体能考核成绩统计表

学号	姓名	俯卧撑(次)		仰卧起坐(次)		3000米跑(秒)		10米×5往返跑(秒)		总评
		成绩	评定	成绩	评定	成绩	评定	成绩	评定	
1422101	陈家宁	50	合格	45	合格	13′23″	合格	23″	合格	合格
1422102	陈明露	41	合格	45	合格	13′41″	不合格	21″	合格	不合格
1422103	陈硕	32	不合格	45	合格	12′42″	合格	22″	合格	不合格
1422104	程嘉仪	43	合格	30	不合格	13′43″	不合格	23″	合格	不合格
1422105	董超	44	合格	45	合格	13′14″	合格	28″	不合格	不合格
1422106	董雨旗	45	合格	25	不合格	13′45″	不合格	25″	合格	不合格
1422107	杜康	46	合格	45	合格	11′46″	合格	26″	合格	合格
1422108	方振东	47	合格	45	合格	12′47″	合格	27″	合格	合格
1422109	胡富泉	48	合格	45	合格	13′48″	不合格	23″	合格	不合格

项 目	评定标准	合 格	不合格
俯卧撑	40		
仰卧起坐(次)	45		
3000米跑(秒)	13′40″		
10米×5往返跑(秒)	27″		
总评			

说明：1、统计时间截止2014年12月1日。
　　　2、成绩评定分为合格和不合格两种。

主官签字：　　　　　　　　　年　月　日

图 2-5-8　突出显示结果

4. 人数统计

选定 P5 单元格，计算俯卧撑项目合格的人数。选择"公式"→"插入函数"命令，弹出"插入函数"对话框，在对话框的"或选择类别"列表中选择"统计"，在"选择函数"区域内选择"COUNTIF"函数，单击"确定"按钮，弹出"函数参数"对话框，如图 2-5-9 所示。

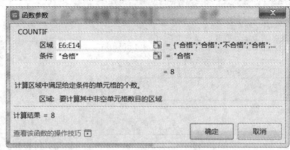

图 2-5-9　"函数参数"对话框

COUNTIF 函数的功能是计算某个区域中满足给定条件的单元格数目，它有两个参数：

(1) 区域：要计算其中非空单元格数目的区域，这里选定"E6:E14"单元格。

(2) 条件：以数字、表达式或文本形式定义的条件，这里输入"合格"。

单击"确定"按钮，计算出俯卧撑项目合格的人数。

用 COUNTIF 函数计算其他的人数：

选定 Q5 单元格，输入公式"=COUNTIF(E6:E14，"不合格")"，按回车键；

选定 P6 单元格，输入公式"=COUNTIF(G6:G14，"合格")"，按回车键；

选定 Q6 单元格，输入公式"=COUNTIF(G6:G14，"不合格")"，按回车键；

选定 P7 单元格，输入公式"=COUNTIF(I6:I14，"合格")"，按回车键；

选定 Q7 单元格，输入公式"=COUNTIF(I6:I14，"不合格")"，按回车键；

选定 P8 单元格，输入公式"=COUNTIF(K6:K14，"合格")"，按回车键；

选定 Q8 单元格，输入公式"=COUNTIF(K6:K14，"合格")"，按回车键；

选定 P9 单元格，输入公式"=COUNTIF(L6:L14，"合格")"，按回车键；

选定 Q9 单元格，输入公式"=COUNTIF(L6:L14，"不合格")"，按回车键。

人数统计完毕，结果如图 2-5-10 所示。

XX队XX区队体能考核成绩统计表

学号	姓名	俯卧撑(次) 成绩	评定	仰卧起坐(次) 成绩	评定	3000米跑(秒) 成绩	评定	10米×5往返跑(秒) 成绩	评定	总评
1422101	陈家宁	50	合格	45	合格	13′23″	合格	23″	合格	合格
1422102	陈明露	41	合格	45	合格	13′41″	不合格	21″	合格	不合格
1422103	陈硕	32	不合格	45	合格	12′42″	合格	22″	合格	不合格
1422104	程嘉仪	43	合格	30	不合格	13′43″	不合格	23″	合格	不合格
1422105	董超	44	合格	45	合格	13′14″	合格	28″	不合格	不合格
1422106	董雨旗	45	合格	25	不合格	13′45″	不合格	25″	合格	不合格
1422107	杜康	46	合格	45	合格	11′46″	合格	26″	合格	合格
1422108	方振东	47	合格	45	合格	12′47″	不合格	27″	合格	不合格
1422109	胡富泉	48	合格	45	合格	13′48″	不合格	23″	合格	不合格

项　目	评定标准	合　格	不合格
俯卧撑	40	8	1
仰卧起坐(次)	45	7	2
3000米跑(秒)	13′40″	5	4
10米×5往返跑(秒)	27″	8	1
总评		3	6

说明：1、统计时间截止2014年12月1日。
　　　2、成绩评定分为合格和不合格两种。

主官签字：　　　　　　　　　　年　　月　　日

体能考核统计表　+

图 2-5-10　人数统计结果

5. 制作图表

1) 插入图表

选定图 2-5-10 右表中的"项目""合格""不合格"列，选择"插入"选项卡，单击"全部图表"按钮，弹出"插入图表"对话框，选择"柱形图"中的"簇状柱形图"，单击"插入"按钮，自动生成柱形图，调整图表大小和位置到"N10:Q23"。插入图表结果如图 2-5-11 所示。

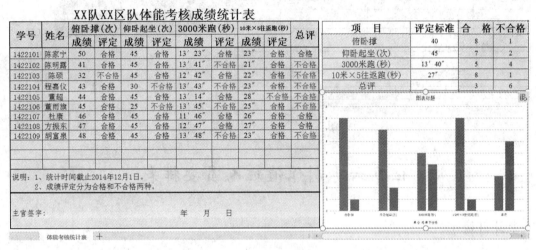

图 2-5-11　插入图表

2) 图表外观设置

(1) 图表标题：选定图表，选择"图表工具"→"添加元素"→"图表标题"→"图表上方"命令，在出现的"图表标题"文本框中，输入"XX 队 XX 区队体能考核成绩统计图"，设置字体为"华文中宋"，字号为"28 磅"，颜色为"红色"。

(2) 坐标轴标题：选择"图表工具"→"添加元素"下拉列表→"轴标题"→"主要横坐标轴标题"命令，在"坐标轴标题"文本框中输入"项目"，字号为"18 磅"；选择"图表工具"→"添加元素"→"轴标题"→"主要纵坐标轴标题"→"竖排标题"命令，在"坐标轴标题"文本框中输入"人数"，字号为"18 磅"。

(3) 坐标轴：将坐标轴的字号设为"14 磅"。

(4) 图例：设置图例为"右侧"，字号设为"18 磅"。

(5) 设置绘图区：选中图表，选择"图表工具"→"图表元素"→"绘图区"→"设置格式"命令，在"属性"列表中，设置绘图区的区域背景颜色为"浅绿色"，最终效果如图 2-5-12 所示。

6. 保存

将工作簿保存到"E：\任务五\学员体能考核统计表.et"。

XX队XX区队体能考核成绩统计表

学号	姓名	俯卧撑(次)		仰卧起坐(次)		3000米跑(秒)		10米×5往返跑(秒)		总评
		成绩	评定	成绩	评定	成绩	评定	成绩	评定	
1422101	陈家宁	50	合格	45	合格	13′23″	合格	23″	合格	合格
1422102	陈明露	41	合格	45	合格	13′41″	不合格	21″	合格	不合格
1422103	陈硕	32	不合格	45	合格	12′42″	合格	22″	合格	不合格
1422104	程嘉仪	43	合格	30	不合格	13′43″	不合格	22″	合格	不合格
1422105	董超	44	合格	45	合格	13′14″	合格	28″	不合格	不合格
1422106	董雨旗	45	合格	25	不合格	13′45″	不合格	25″	合格	不合格
1422107	杜康	46	合格	45	合格	11′46″	合格	26″	合格	合格
1422108	方振东	47	合格	45	合格	12′47″	合格	23″	合格	合格
1422109	胡富泉	48	合格	45	合格	13′48″	不合格	23″	合格	不合格

项　目	评定标准	合　格	不合格
俯卧撑	40	8	1
仰卧起坐(次)	45	7	2
3000米跑(秒)	13′40″	5	4
10米×5往返跑(秒)	27″	8	1
总评		3	6

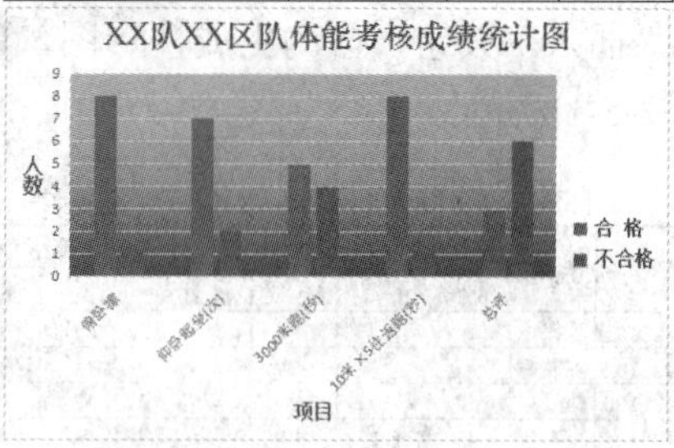

说明: 1、统计时间截止2014年12月1日。
　　　 2、成绩评定分为合格和不合格两种。

主官签字:　　　　　　　　　　　　　年　　月　　日

XX队XX区队体能考核成绩统计图

体能考核统计表　+

图 2-5-12　图表外观设置

任务六　制作值班人员安排表

【学习目标】

(1) 理解高级分析工具的工作过程。

(2) 掌握运用高级分析工具实现数据分析预测的方法。

【相关知识】

(1) 规划求解: 是 WPS 表格的一个非常有用的分析预测工具,不仅可以解决运筹学、线性规划等问题,还可以用来求解线性方程组及非线性方程组。

(2) 数学函数 SUMSQ(number1,number2,…): 用于返回所有参数的平方和。参数可以是数值、数组、名称,或者是对数值单元格的引用。

【任务说明】

本任务以国庆假期值班表安排为例,根据每名值班人员的值班要求,科学合理地制作值班人员安排表。

现有张凯、王斌、陈幼兰、杨珊蝶、陈一山、周锡和孔铭 7 名同志参加国庆期间单位值班(说明:假期共 7 天)。每名值班人员都有自己的值班要求:张凯因有事只有 3 号可以值班;王斌因个人原因,要比陈幼兰晚值两天班;陈幼兰因业务原因,不得不比张凯早一天值班;陈一山和孔铭由于工作需要,要在王斌的前后几天值班。

任务的核心是运用高级分析工具实现数据分析预测,制作国庆假期人员值班表。本任务的最终效果如图 2-6-1 所示。

	A	B	C
1	假期人员值班表		
2	姓名	值班系数	值班日期
3	张凯	3	10月3日
4	王斌	4	10月4日
5	陈幼兰	2	10月2日
6	杨珊蝶	7	10月7日
7	陈一山	6	10月6日
8	周锡	1	10月1日
9	孔铭	5	10月5日
10			

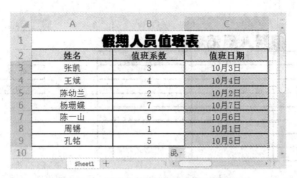

图 2-6-1　“国庆假期人员值班表”样例

【任务实施】

1. 设置求解规划模型

(1) 启动 WPS 表格，在“Sheet1”工作表中输入如图 2-6-2 所示的基本内容，并设置如图 2-6-3 所示格式，保存为“国庆假期人员值班表.et”。

	A	B	C
1	假期人员值班表		
2	姓名	值班系数	值班日期
3	张凯		
4	王斌		
5	陈幼兰		
6	杨珊蝶		
7	陈一山		
8	周锡		
9	孔铭		
10			

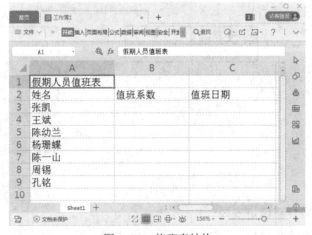

图 2-6-2　值班表结构

	A	B	C
1	假期人员值班表		
2	姓名	值班系数	值班日期
3	张凯		
4	王斌		
5	陈幼兰		
6	杨珊蝶		
7	陈一山		
8	周锡		
9	孔铭		
10			

图 2-6-3　格式化后的值班表结构

(2) 选中 E3 和 E4 单元格，分别输入“变量”和“目标值”，并设置“E3:E4”单元格区域的对齐方式、边框和底纹，如图 2-6-4 所示。

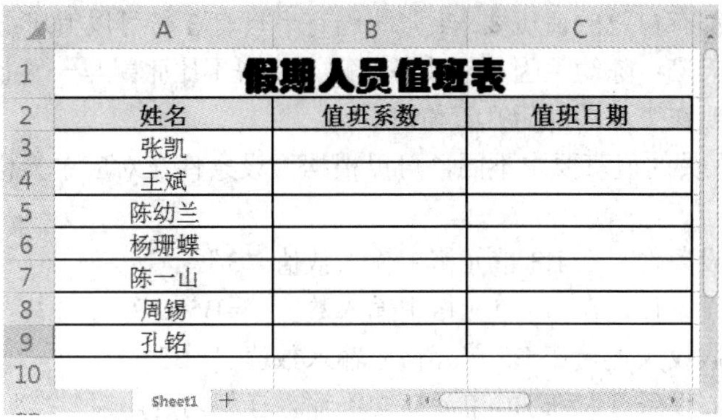

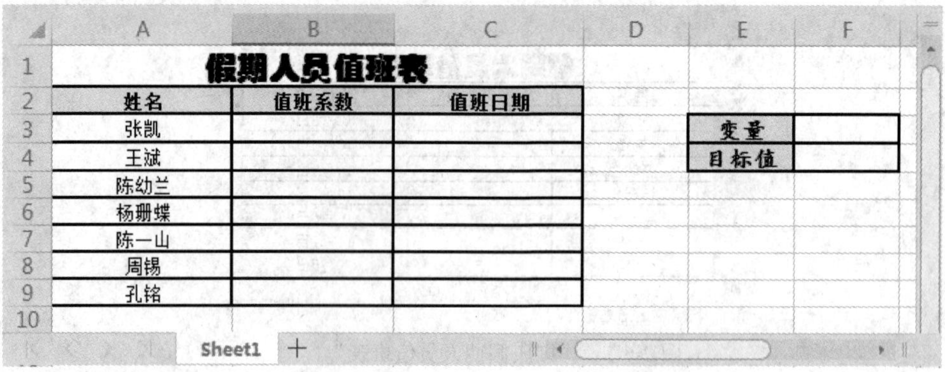

图 2-6-4　建立"变量"和"目标值"结构

(3) 在 H3 和 H4 单元格中分别输入"1"和"2"数值,并选中"H3:H4"单元格区域,将光标移至 H4 单元格右下角,当其变为"十"字形状时向下填充,如图 2-6-5 所示。

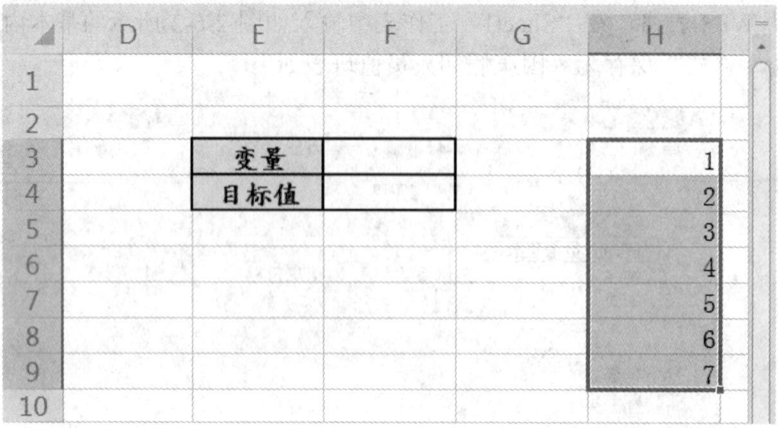

图 2-6-5　数据填充

2. 利用规划求解计算值班安排

1) 确定求解规模的目标值

每名值班人员都有自己的值班要求:张凯因有事只有 3 号可以值班;王斌因个人原因,要比陈幼兰晚值两天班;陈幼兰因其他业务原因,不得不比张凯早一天值班;陈一山和孔铭由于工作需要,要在王斌的前后几天值班。

(1) 每名值班人员的值班要求不同,可以根据假设条件在对应单元格中输入对应的公式和数值。

根据张凯的假设条件,在 B3 单元格中输入数值"3"。

根据王斌的假设条件,在 B4 单元格中输入数值"=B5+2"。

根据陈幼兰的假设条件,在 B5 单元格中输入数值"=B3-1"。

根据杨珊蝶的假设条件,在 B6 单元格中不输入任何内容。

根据陈一山的假设条件,在 B7 单元格中输入数值"=B9+1"。

根据周锡的假设条件,在 B8 单元格中输入数值"=B3-F3"。

根据孔铭的假设条件,在 B9 单元格中输入数值"=B3+F3",如图 2-6-6 所示。

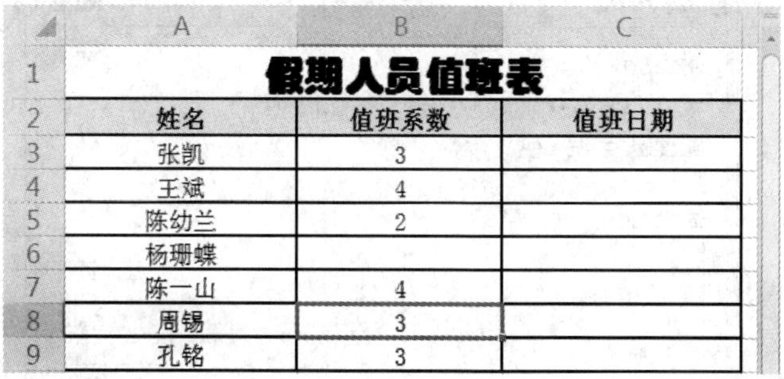

姓名	值班系数	值班日期
张凯	3	
王斌	4	
陈幼兰	2	
杨珊蝶		
陈一山	4	
周锡	3	
孔铭	3	

图 2-6-6　设定值班系数

(2) 在 H10 单元格中输入公式“=SUMSQ(H3:H9)”，按回车键，即可求出“H3:H9”单元格区域中一组数的平方和，如图 2-6-7 所示。

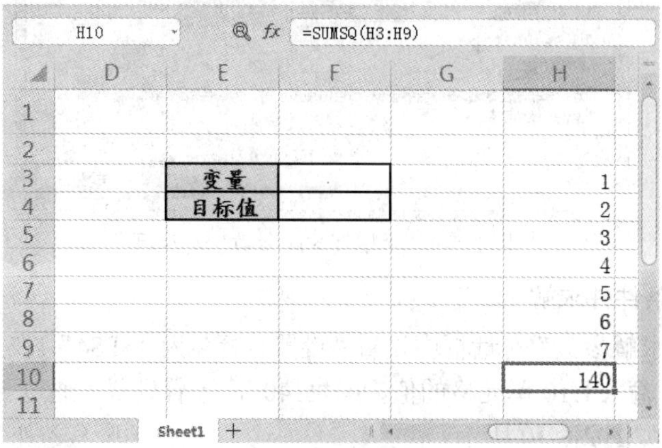

图 2-6-7　求平方和

(3) 在 F4 单元格中输入公式“=SUMSQ(B3:B9)”，按回车键，即可求出“B3:B9”单元格区域中一组数的平方和，如图 2-6-8 所示。

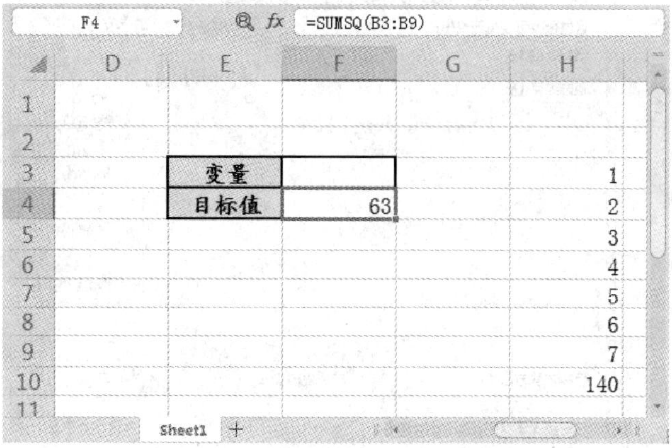

图 2-6-8　计算目标值

2) 加载并启用规划求解

选择“数据”→“模拟分析”→“规划求解”命令，弹出“规划求解参数”对话框，如图 2-6-9 所示。

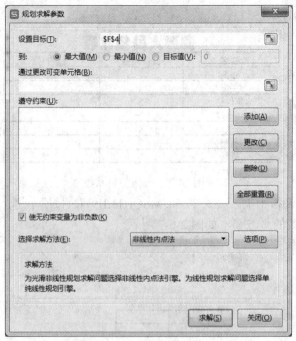

图 2-6-9　"规划求解参数"对话框

3. 设置约束条件并求解

(1) 在"规划求解参数"对话框中设置"设置目标"为"$F$4"，在"到"栏中选中"目标值"单选按钮，输入 H10 单元格的值，即"140"，接着设置"通过更改可变单元格"为"$F$3，$B$6"，如图 2-6-10 所示。

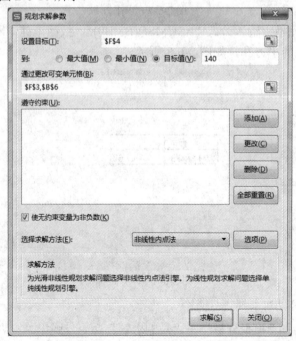

图 2-6-10　"规划求解参数"设置

(2) 单击"添加"按钮，弹出"添加约束"对话框，设置"单元格引用"为"$B$6"，选择运算符为"int"，接着设置"约束"为"整数"，如图 2-6-11 所示。

图 2-6-11　"添加约束"对话框(1)

(3) 单击"添加"按钮，设置"单元格引用"为"$B$6"，选择运算符为">="，接着设置"约束"为"1"，如图 2-6-12 所示。

图 2-6-12　"添加约束"对话框(2)

(4) 单击"添加"按钮，设置"单元格引用"为"$B$6"，选择运算符为"<="，接着设置"约束"为"7"，如图 2-6-13 所示。

图 2-6-13　"添加约束"对话框(3)

(5) 单击"添加"按钮，设置"单元格引用"为"$F$3"，选择运算符为"int"，接着设置"约束"为"整数"，如图 2-6-14 所示。

图 2-6-14　"添加约束"对话框(4)

(6) 单击"添加"按钮，设置"单元格引用"为"$F$3"，选择运算符为">="，接着设置"约束"为"1"，如图 2-6-15 所示。

图 2-6-15　"添加约束"对话框(5)

(7) 单击"添加"按钮，设置"单元格引用"为"$F$3"，选择运算符为"<="，接着设置"约束"为"7"，如图 2-6-16 所示。

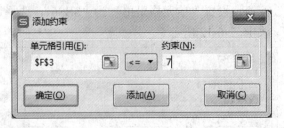

图 2-6-16　"添加约束"对话框(6)

(8) 设置完成后，单击"确定"按钮，返回到"规划求解参数"对话框，在"遵守约束"列表框中可以看到添加的约束条件，如图 2-6-17 所示。

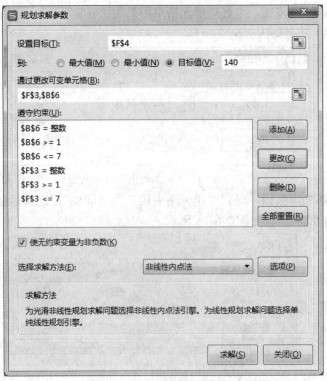

图 2-6-17　添加的约束条件

(9) 单击"求解"按钮，弹出"规划求解结果"对话框，保持默认选项，单击"确定"按钮，如图 2-6-18 所示。

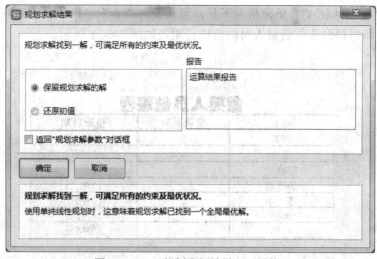

图 2-6-18　“规划求解结果”对话框

(10) 返回工作表中，即可求出国庆假期 7 位值班人员的具体值班系数，如图 2-6-19 所示。

	A	B	C	D	E	F
1	假期人员值班表					
2	姓名	值班系数	值班日期			
3	张凯	3			变量	2
4	王斌	4			目标值	140
5	陈幼兰	2				
6	杨珊蝶	7				
7	陈一山	6				
8	周锡	1				
9	孔铭	5				
10						

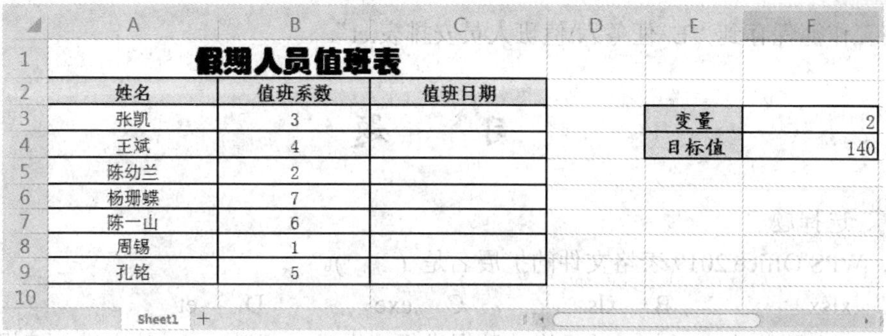

图 2-6-19　求解值班系数

4. 设置公式得到员工值班日期

(1) 选中 C3 单元格，在公式编辑栏中输入公式“= " 10 月 " &B3& " 日 " ”，按回车键，即可得到第一位员工的值班日期，如图 2-6-20 所示。

C3　fx　="10月"&B3&"日"

	A	B	C
1	假期人员值班表		
2	姓名	值班系数	值班日期
3	张凯	3	10月3日
4	王斌	4	
5	陈幼兰	2	
6	杨珊蝶	7	
7	陈一山	6	
8	周锡	1	
9	孔铭	5	
10			

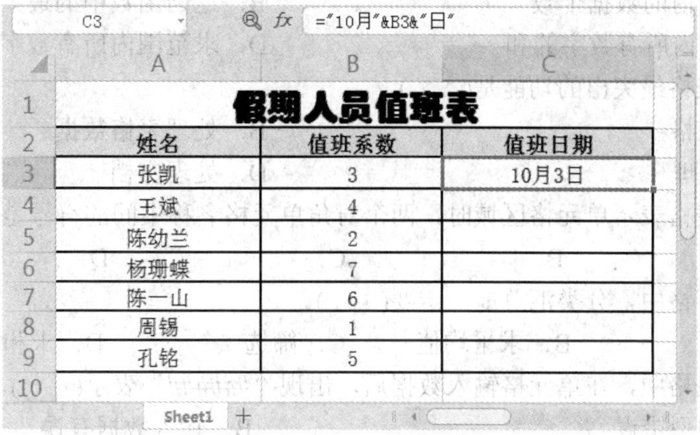

图 2-6-20　输入值班日期

(2) 将光标移动到 C3 单元格右下角，当其变为“十”字形状时拖动鼠标向下填充到 C9 单元格，即可得到 7 位值班人员的值班日期，如图 2-6-21 所示。

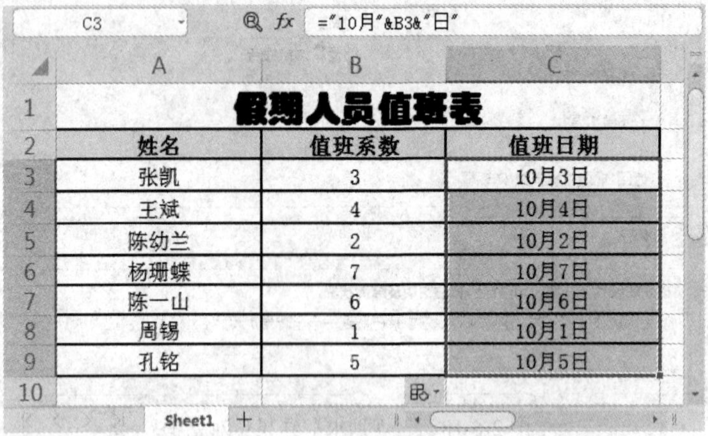

C3　fx　="10月"&B3&"日"

	A	B	C
1	假期人员值班表		
2	姓名	值班系数	值班日期
3	张凯	3	10月3日
4	王斌	4	10月4日
5	陈幼兰	2	10月2日
6	杨珊蝶	7	10月7日
7	陈一山	6	10月6日
8	周锡	1	10月1日
9	孔铭	5	10月5日
10			

Sheet1

图 2-6-21　确定值班日期

5. 保存

将工作簿保存到“E:\任务六\值班人员安排表.et”。

习　　题

一、选择题

1．WPS Office 2019 表格文件的扩展名是（　　）。

A．.xlsx　　B．.xls　　C．.exe　　D．.et

2．WPS 表格中，对某一单元格的数据进行编辑时，可以(　　)使它进入编辑状态。

A．右键单击单元格　　B．左键单击单元格

C．左键双击单元格　　D．将光标移到单元格

3．WPS 表格中的 Average 的功能是(　　)。

A．求范围内的数据个数　　B．返回函数中的最大值

C．求范围内所有数字的和　　D．求范围内所有数字的平均值

4．WPS 表格最突出的功能是(　　)。

A．制作表格　　B．处理表格数据

C．数据管理　　D．处理文档

5．WPS 表格表示单元格区域时，两个对角单元格名称中间的符号是(　　)。

A．:　　B．|　　C．-　　D．,

6．WPS 表格中，分类汇总前一定要(　　)。

A．排序　　B．求平均值　　C．筛选　　D．求和

7．WPS 表格中，在单元格输入数据后，出现“######”表示(　　)。

A．数据类型错误　　B．输入数据有误

C．数据长度超过列宽　　D．以上说法均不正确

8．WPS 表格中让某些不及格的学生成绩变成红字可以使用(　　)功能。

A．筛选　　　　　B．条件格式　　　　C．数据有效性　　　D．排序

9．选定连续的单元格区域，需要按(　　)键。

A．Ctrl　　　　　B．Shift　　　　　C．Ctrl+Shift　　　　D．Ctrl+Shift+Alt

10．单元格引用时，列号保持不变，行号改变，下列引用形式正确的是(　　)。

A．A1　　　　　B．$A1　　　　　C．A$1　　　　D．$A$1

11．函数"=SUM(C2:C6)"的作用是(　　)。

A．求 C2 至 C6 这五个单元格数据之平均值

B．求 C2 至 C6 这五个单元格数据之和

C．求 C2 和 C6 这两个单元格数据之平均值

D．求 C2 和 C6 这两个单元格数据之和

二、判断题

1．WPS 表格可以方便地从数据库文件中获取记录。(　　)

2．WPS 表格的"打印预览"功能可以模拟显示正式打印的实际效果。(　　)

3．调整列宽只能通过拖动鼠标的方式实现。(　　)

4．WPS 表格的函数包括函数名、括号和参数等。(　　)

5．工作表被删除后，可以通过"撤销"按钮恢复。(　　)

6．函数"Now()"的作用是显示计算机系统内部时钟的当前日期和时间。(　　)

模块三　　多媒体课件制作技术

随着多媒体技术的发展，多媒体演示文稿的应用越来越普遍，如汇报工作、交流经验、会议演讲、学术报告、制作课件、广告宣传、产品演示等，使用这种图文、动画、声像相结合的方式能够更好地表达自己的思想，对我们的工作有很大的帮助。

WPS 演示是 WPS 系列办公软件中的一个重要组件，它用于制作和播放多媒体演示文稿。WPS 演示功能强大，它与微软公司的 PowerPoint 相对应，兼容 PPT/PPTX 格式。通过它可以制作出图文并茂、色彩丰富、生动形象且具有极强的表现力和感染力的宣传文稿、演讲文稿、幻灯片和投影胶片等，并且可以通过投影机直接投影到银幕上以产生动态影片的效果，能够更好地辅助演讲者的讲解。本模块将讲解 WPS 演示的一些基本操作，以及如何丰富幻灯片的内容等知识，通过教学案例，讲解每个演示文稿的制作和使用方法。

任务一　　初识多媒体课件及 WPS 演示工具

【学习目标】

(1) 识记多媒体课件的概念、种类。
(2) 了解多媒体课件制作的常用软件，领会多媒体课件制作的一般流程。
(3) 熟悉 WPS 演示的工作界面。
(4) 理解 WPS 演示默认的视图模式。
(5) 掌握 WPS 演示的启动、退出以及新建、保存、打开、关闭演示文稿的方法。
(6) 掌握幻灯片的添加、选择、复制、删除以及顺序调整的方法。

【相关知识】

多媒体是指融合两种或两种以上媒体的一种人机交互式信息交流和传播媒体。人们将融合文本、音频、视频、图形、图像、动画等的综合体统称为"多媒体"。多媒体技术能够利用计算机技术把文字、声音、视频、图形、图像等多种媒体信息进行综合处理，使多种信息之间建立逻辑连接，将其集成为一个完整的系统。

"课件"一词译自英文"Courseware"，意思是课程软件，因此，课件也就是包括具体学科内容的教学软件。多媒体课件就是运用各种计算机多媒体技术开发出来的图、文、声、像并茂的教学软件。

【任务说明】

在正式制作演示文稿之前，需要先了解多媒体课件基本知识，熟悉 WPS 演示文稿工具的基本界面，掌握其基本操作方法，为演示文稿的制作打好基础。

【任务实施】

1. 多媒体课件的概念

一般而言，把文字(Text)、图形(Graphic)、图像(Image)、视频(Video)、动画(Animation)和声音(Sound)等媒体信息结合在一起，通过计算机技术进行综合处理与控制，并实现有机结合，就可以形成多媒体课件。

通常情况下，多媒体课件具有以下特性：

(1) 集成性：信息载体的集成性，这些载体包括文本、数字、图形、图像、声音、动画、视频等。

(2) 控制性：多媒体课件并不是多种载体的简单组合，而是由计算机技术加以控制和管理的。

(3) 交互性：把多媒体信息载体整合在一起，通过图形菜单、图标、窗口等人机交互的界面，利用鼠标、键盘等输入设备实现人机信息沟通。

2. 多媒体课件的种类

随着计算机多媒体技术的进步和发展，多媒体教学模式在不同的教学理论和教学策略引导下呈现出多极化、多元化的发展趋势。多媒体课件五花八门，迄今尚难以找到一个统一的划分标准。但是，为了便于读者更容易地掌握课件的制作技术，我们有必要了解一下课件的分类情况。

1) 根据课件的知识结构划分

(1) 固定型课件：将各种与教学活动有关的信息划分为许多能在屏幕上展示的段落，按其内容和性质可分为介绍、提示、问答、测试、反馈等。这是一种较为传统的课件类型，适合于制作规模小的课件。

(2) 生成型课件：按模型的方式随机地生成许多同类型的例子和问题。这种课件适合于简单问题的教学，特别是数学问题。

(3) 信息结构型课件：教学内容按概念被划分为单元，并按某种关系建立单元间的联系，从而形成一个多单元信息网课件。

(4) 可调节型课件：用数据库存储各种教学信息，如教学方法、教学策略及学员信息等，根据不同的教学信息对内容进行适当调节的课件。

(5) 模型化课件：利用模型来模拟现实世界中的各种现象，常用模型有数学模型、化学模型、物理模型等。

2) 根据课件的控制主体划分

(1) 教员控制课件：课件的操纵对象是教员。

(2) 学员控制课件：课件的操纵对象是学员。

(3) 协同控制课件：教员和学员均可控制的课件。

(4) 计算机控制课件：课件完全由计算机控制，学员只能作出被动反应。

3) 根据课件的功能划分

(1) 课程式课件：主要用于课堂教学。

(2) 辅导式课件：主要用于个别教学。

(3) 训练式课件：主要用于测试学员的学习成绩。

(4) 实验式课件：主要用于演示实验，如化学、物理实验等。

(5) 管理式课件：主要用于分析学员的学习情况。

实际上，根据不同的划分标准，课件的分类是不同的。每一个课件都可能存在交叉归类，例如，一个教员控制课件，同时也可以是课程式课件。这就好像一个人既可以是教员，又可以是青年，只是划分的标准不同而已。

3. 多媒体课件制作的常用软件

多媒体课件的制作涉及到素材的收集、整理、加工，以及课件的制作、调试、发布诸多环节。因此，制作多媒体课件所涉及的软件也比较多。

1) 素材制作软件

(1) 文字素材处理软件。

在多媒体信息载体中，文字是最重要的一种信息传播媒介。无论计算机技术发展到何种程度，文字依然是最重要的载体，因此，几乎所有的应用软件都有文字处理功能。如果课件对文字的要求不高，那么多媒体课件制作软件本身就可以完成文字的录入和编辑。如果要对文字进行艺术加工，就要借助于专业的文字处理软件了。

常用文字处理软件：写字板、Word、WPS 等。

艺术文字处理软件：Photoshop、CorelDraw、FreeHand、Word 等。

(2) 图像素材处理软件。

图像素材的采集方法有很多，如果图像素材不适合设计的需要，就要使用图像处理软件对图像素材进行加工。

图像制作软件：画笔、金山画王、CorelDraw、Painter 等。

图像处理软件：Photoshop、PhotoDraw 等。

(3) 声音素材处理软件。

制作多媒体课件时经常要用到音效、配音、背景音乐等。声音的格式有很多，如 WAV、MIDI、SND、AIF 等，这些格式之间经常需要转换。因此，声音素材的采集和整理需要更多的软件支持。

在多媒体课件制作中可以选择使用以下两种音频编辑软件：

Creative Wave Studio "录音大师"：Creative Technology 公司 Sound Blaster AWE64 声卡附带的音频编辑软件。在 Windows 环境下它可以录制、播放、编辑 8 位和 16 位的波形音乐。

Cake Walk：Twelve Tone System 公司开发的音乐编辑软件。利用该软件可以创作出具有专业水平的"计算机音乐"。

(4) 动画素材处理软件。

多媒体课件中使用的动画主要有两种：二维动画和三维动画。常见的动画制作软件有：

二维动画软件：Animator Pro、Flash、Swish 等。

三维动画软件：3D Studio MAX、Cool 3D 等。

(5) 视频素材处理软件。

视频以其生动、活泼、直观的特点，在多媒体系统中得以广泛的应用，并扮演着极其重要的角色。多媒体课件要用到大量的视频文件，常用的视频素材包括 AVI、MOV 和 MPG 格式的视频文件。常用的视频处理软件主要有：

QuickTime：Apple 公司的一款视频编辑、播放、浏览软件，拥有当今使用最广泛的跨平台多媒体技术，已经成为世界上第一个基于工业标准的 Internet 流(Stream)产品。使用 QuickTime 可以处理视频、动画、声音、文本、平面图形、三维图形、交互图像等内容。

Adobe Premiere：Adobe 公司推出的一个功能十分强大的处理影视作品的视频和音频编辑软件。

Ulead Media Studio Pro：友立公司推出的一款非常著名的视频编辑软件。

2) 课件制作软件

多媒体课件制作软件也称为多媒体集成工具软件。目前这类工具软件有很多种，如 PowerPoint、Authorware、Director、Dreamweaver、Flash、方正奥斯、蒙泰瑶光等。本书从实际需要出发，主要介绍 WPS 演示工具的使用技术。

WPS 演示是金山软件股份有限公司自主研发的办公软件 WPS Office 中的成员之一，主要用于制作演示文稿、电子讲义等，是一款简单易学的多媒体软件，可以用来制作一些简单的课件。

4. 多媒体课件制作的一般流程

无论是大中型的多媒体课件，还是小型的多媒体课件，其基本的制作流程都是一样的。当确定了课件的主题以后，应该按照如下流程进行制作：规划结构、收集素材、课件整合、测试发布。

1) 规划结构

规划结构是一个基本的设计过程，因为多媒体课件具有较强的集成性、交互性等特点，所以制作课件时，必须根据教学内容规划好整个课件的结构，这是制作课件的前提与基础。多媒体课件的结构决定了教学内容的组织与表现形式，反映了课件的基本框架与风格。

通常情况下，多媒体课件可以采用以下基本结构：线性结构、分支结构、网状结构、混合结构。不论哪种结构，都要注意一个重要的问题——导航要合理。也就是说，用户必须能够按照设计的课件结构"走进去"，也要能按照课件结构"走出来"，一定要避免产生"无路可走"的现象。

2) 收集素材

多媒体课件中主要有文本、图像、动画、声音等媒体信息，制作多媒体课件时收集素材是一项比较繁琐的工作。

收集素材是制作多媒体课件的关键。没有素材，就失去了操作对象；素材不理想，就影响了课件的质量。因此，在制作课件之前一定要精心收集素材，要把课件中需要的素材全部收集起来，并进行适当的处理，然后再制作课件。这样，不但可以提高工作效率，同时也为制作出高质量的课件奠定了基础。

3) 课件整合

课件整合就是根据课件的制作要求，把各种相关的素材按照一定的规律和组织形式整合到一起。这个过程主要运用多媒体制作软件来完成，如 WPS 演示、PowerPoint、Authorware 等。课件的整合过程就是课件的生成过程，因此，要注重课件的科学性与艺术性的紧密结合。所谓科学性，就是要时刻把握住课件的基本功能，课件是帮助教员实现一定的教学目标与完成相应教学任务的一种程序，所以制作课件时要时刻遵循这一点。所谓艺术性，就是指课件在不偏离其基本功能的前提下，充分表现课件的美感，使学习者产生愉悦的心理，从而激发学习兴趣。

4) 测试发布

当完成了多媒体课件的制作后，在发布之前，一定要对课件进行全面的测试。因为在制作课件的过程中，特别是制作大型课件的过程中难免会存在一些疏漏，所以，课件的制作完成后，一定要对每一个结构分支进行运行测试，并及时纠正存在的错误。另外，运行测试之后，还要求在不同的电脑上、不同的系统中进行测试，确保课件能够正常运行。通过了所有的测试以后，就可以将课件打包发行，应用于实际教学中了。

5. 演示文稿的组成、设计原则

1) 演示文稿的组成

演示文稿是由一张或若干张幻灯片组成的，这些幻灯片通常分为首页、概述页、过渡页、内容页和结束页，如图 3-1-1 所示。

首页

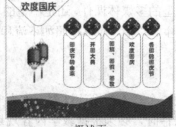
概述页

过渡页

内容页

结束页

图 3-1-1　演示文稿的组成

(1) 首页。首页的主要功能是显示演示文稿的主标题、副标题、作者和日期等，从而让观众明白要讲什么，谁来讲，以及什么时候讲。

(2) 概述页。分条概述演示文稿内容，让观众对演示文稿有一个全局观。

(3) 过渡页。篇幅比较长的演示文稿中间要加一些过渡性的章节页，用以引导出下一部分内容。

(4) 内容页。首页、概述页和章节过渡页构成了演示文稿的框架，接下来是内容页。通常需要在内容页中列出与主标题或概述页相关的子标题和文本条目。

(5) 结束页。它是演示文稿中的最后一张幻灯片，通常会在其中输入一些用于表明该演示文稿到此结束的文字，如谢谢、再见和谢谢观看等。

2) 演示文稿的设计原则

制作演示文稿的最终目的是给观众演示，能否给观众留下深刻的印象是评定演示文稿效果的主要标准。因此，在设计演示文稿时，一般应遵循重点突出、简捷明了、形象直观的原则。

此外，在演示文稿中应尽量减少文字的使用，因为大量的文字说明往往使观众感到乏味，应尽可能地使用其他更直观的表达方式，例如图片、图形和图表等。如果可能的话，还可以加入声音、动画和视频等，来加强演示文稿的表达效果。

6. 熟悉 WPS 演示工作界面

1) 启动 WPS 演示

启动 WPS 演示可以通过以下方法来进行：

(1) 选择"开始"菜单，在"所有程序"中查找"WPS Office"，在列表中选择"WPS 2019"，如图 3-1-2(a)所示。

(2) 在桌面上双击"WPS 2019"快捷方式，如图 3-1-2(b)所示。

(a)

(b)

图 3-1-2 启动 WPS 2019

通过上述方法将打开如图 3-1-3 所示的 WPS Office 2019 全新的集成界面，在主界面中单击"新建"按钮，进入"新建"页面，在窗口上方选择"演示"命令，选择后单击下方的"新建空白文档"按钮，如图 3-1-4 所示。

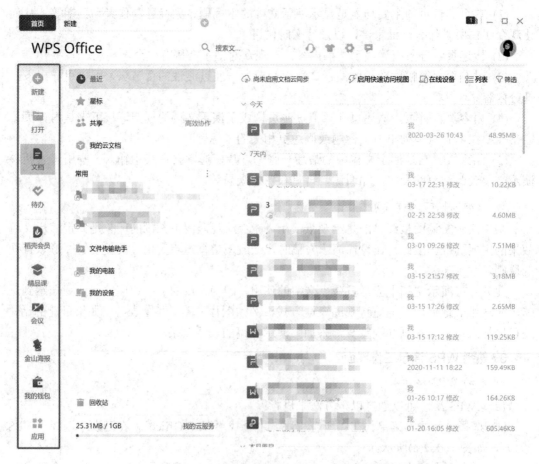

图 3-1-3　WPS Office 2019 全新的集成界面

图 3-1-4　在 WPS Office 2019 集成界面上新建演示文稿

(3) 在计算机桌面任意空白处单击鼠标右键，选择"新建"，并在列表中选择"PPT 演示文稿"。如果同时安装了MS PowerPoint，请注意区分不同选项。该方法将在桌面上直接创建一份名为"新建 PPT 演示文稿.ppt"的文件，如图 3-1-5 所示，双击打开可以直接操作。

WPS 演示的扩展名是*.dps，因为 WPS 演示对 PowerPoint 的兼容，所以 WPS 演示的扩展名也可以使用*.ppt 或者*.pptx。

图 3-1-5　在计算机桌面上鼠标右键创建演示文稿

2) WPS 演示界面组成

WPS 演示的界面主要由快速访问工具栏、标题栏、功能区、幻灯片编辑区、大纲/幻灯片窗格以及状态栏六部分构成，如图 3-1-6 所示。

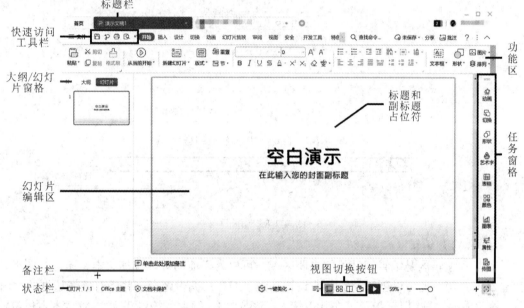

图 3-1-6　WPS 演示界面组成

(1) 快速访问工具栏。

快速访问工具栏用于放置一些在制作演示文稿时使用频率较高的命令按钮。默认情况下，该工具栏包含了"保存""输出为 PDF""打印""打印预览""撤消"和"恢复"按钮。如需要在快速访问工具栏中添加其他按钮，可以单击其右侧的下拉箭头，在展开的列表中选择所需选项即可。此外，通过该列表，还可以设置快速访问工具栏的显示位置，如图 3-1-7 所示。

(2) 标题栏。

标题栏位于 WPS 演示操作界面的最顶端，其中显示了当前正在编辑的演示文稿的名称。其右侧为当前登录的用户头像和用户名，最右侧是三个窗口控制按钮，分别单击它们可以将 WPS 演示窗口最小化、最大化/还原和关闭。

(3) 功能区。

功能区位于标题栏的下方，是一个由多个选项卡组成的带形区域。WPS 演示将大部分命令分类组织在功能区的不同选项卡中，单击不同的选项卡标签，可切换功能区中显示的命令。在每一个选项卡中，命令又被分类放置在不同的组中，如图 3-1-8 所示。

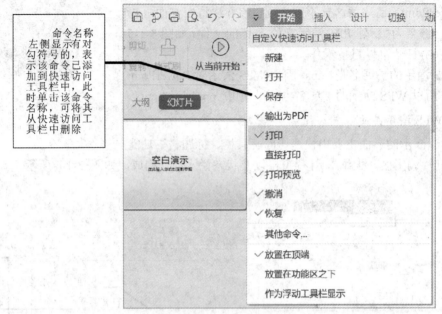

图 3-1-7　自定义快速访问工具栏

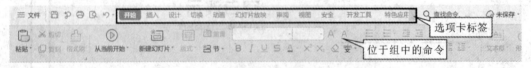

图 3-1-8　功能区

(4) 幻灯片编辑区。

幻灯片编辑区是编辑幻灯片的主要区域，可以为当前幻灯片添加文本、图片、图形、声音和影片等，还可以创建超链接或设置动画。幻灯片编辑区有一些带有虚线边框的编辑框，被称为占位符，用于指示可在其中输入标题文本(标题占位符)、正文文本(文本占位符)，或者插入图表、表格和图片(内容占位符)等对象。幻灯片版式不同，占位符的类型和位置也不同，如图 3-1-9 所示。

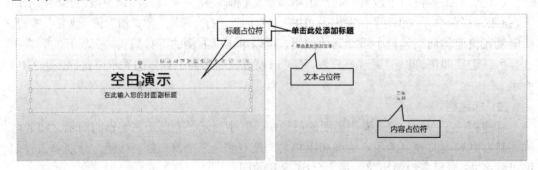

图 3-1-9　占位符

(5) 幻灯片/大纲窗格。

利用"幻灯片"窗格或"大纲"窗格可以快速查看和选择演示文稿中的幻灯片。其中，"幻灯片"窗格显示了幻灯片的缩略图，单击某张幻灯片的缩略图可选中该幻灯片，即可在右侧的幻灯片编辑区编辑该幻灯片内容；"大纲"窗格显示了幻灯片的文本大纲，如图 3-1-10 所示。

图 3-1-10　幻灯片/大纲窗格

(6) 状态栏。

状态栏位于程序窗口的最底部，用于显示当前演示文稿的一些状态信息，如当前幻灯片及幻灯片总数、主题名称、文档状态类型等。此外，还提供了用于切换视图模式的视图切换按钮，以及用于调整视图显示比例的缩放级别按钮和显示比例的调整比例滑块等，如图 3-1-11 所示。

图 3-1-11　状态栏

此外，单击状态栏右侧的 ⌖ 按钮，可按当前窗口大小自动调整幻灯片的显示比例，使其在当前窗口中可以显示全局效果。

3) WPS 演示的视图模式

WPS 演示提供了普通、幻灯片浏览、备注页和阅读视图等几种视图模式。通过单击状态栏或"视图"选项卡"演示文稿视图"组中的相应按钮，可切换不同的视图模式，如图

3-1-12 所示。

图 3-1-12　"视图"选项卡

其中，"普通"视图是 WPS 演示文稿默认的视图模式，主要用于制作演示文稿；在"幻灯片"浏览视图中，幻灯片以缩略图的形式显示，从而方便用户浏览所有幻灯片的整体效果；"备注页"视图以上下结构显示幻灯片和备注页面，主要用于编写备注内容；"阅读视图"是以窗口的形式来查看演示文稿的放映效果。

7. 新建和保存演示文稿

1) 创建空白演示文稿

选择"文件"菜单中的"新建"命令，在弹出的列表中选择"新建"并进入"新建"页面，单击页面上方的"演示"按钮，随后单击"新建空白文档"中的"+"按钮，如图 3-1-13 所示。

图 3-1-13　创建空白演示文稿

2) 利用模板或主题创建演示文稿

初学幻灯片的制作时，要设计出既专业又美观的演示文稿是比较困难的。这时候如果使用模板来帮助完成幻灯片的制作就是一条非常有效的捷径。一般情况下，利用模板创建的演示文稿通常还带有相应的内容，用户只需对这些内容进行修改，便可快速设计出专业的幻灯片，这样既可以创建格式漂亮的演示文稿，又可以提高工作效率。

利用已有的模板创建演示文稿，首先在新建列表中单击"本机上的模板"按钮，在弹出的对话框中，默认选中的是"常规"标签中的"空演示文稿"，这时切换标签至"通用"，可看到本机上已有的模板，选择后单击"确定"按钮即可。选中的模板还可以勾选下方的"设为默认模板"进行设置，如图 3-1-14 所示。

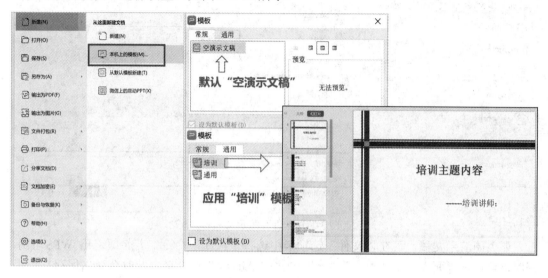

图 3-1-14 利用模板创建

默认模板设置好后，在新建列表中选择"从默认模板新建"命令时，则会按该模板样式新创建一个演示文稿，如图 3-1-15 所示。

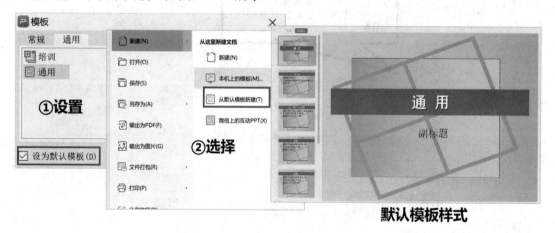

图 3-1-15 从默认模板创建

3) 保存和关闭演示文稿

用户在制作演示文稿时，要养成随时保存演示文稿的习惯，以防止发生意外使正在编辑的内容丢失。编辑完毕并保存演示文稿后，还需要将其关闭。如图 3-1-16 所示。

对演示文稿执行第二次保存操作时，程序不会再打开"另存为"对话框，若希望将文档另存一份，可在"文件"选项卡中选择"另存为"命令，在弹出的"另存为"对话框中进行设置。

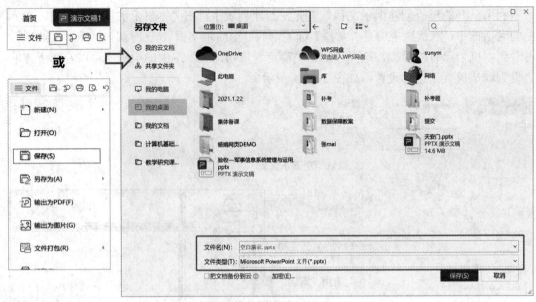

图 3-1-16　保存演示文稿

要关闭演示文稿，可在"文件"选项卡中选择"关闭"命令；若希望退出 WPS 演示程序，可在该界面中单击"退出"按钮，或按"Alt+F4"组合键，此时会弹出保存文档提示对话框，如图 3-1-17 所示。

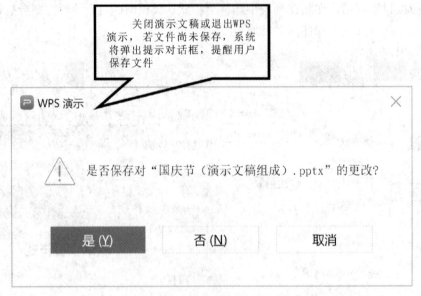

图 3-1-17　保存文档提示对话框

8. 使用幻灯片

1）使用占位符输入文本

在占位符中输入文本，可直接单击占位符，然后输入所需文本即可，如图 3-1-18 所示。单击占位符后将鼠标指针移到其边框线上，按下鼠标左键可将其选中，此时边框线由虚线变成实线。当将鼠标指针移到其四周控制点上，鼠标指针变成双向箭头形状时，按下鼠标左键并拖动，可更改其大小；将鼠标指针移到占位符边框线上，待鼠标指针变成"十"字箭头形状时，按下鼠标左键并拖动，可移动其位置。

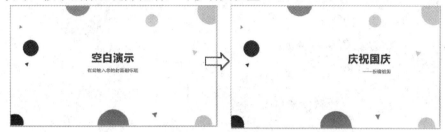

图 3-1-18 使用占位符输入文本

2) 添加幻灯片

要在演示文稿的某张幻灯片的后面添加一张新幻灯片，可首先在"幻灯片"窗格中单击该幻灯片将其选中，然后按"Enter"键或"Ctrl+M"组合键，如图 3-1-19 所示。

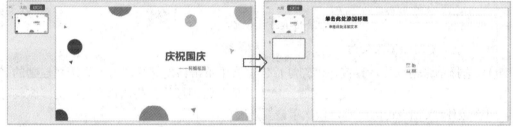

图 3-1-19 添加幻灯片

要按一定的版式添加新的幻灯片，可在选中幻灯片后单击"开始"选项卡上"幻灯片"组中"新建幻灯片"按钮下方的三角按钮，在展开的幻灯片版式列表中选择新建幻灯片的版式，如图 3-1-20 所示。

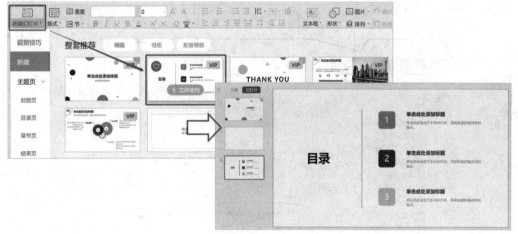

图 3-1-20 选择版式

3) 更改幻灯片版式

幻灯片版式主要用来设置幻灯片中各元素的布局(如占位符的位置和类型等)。用户可在新建幻灯片时选择幻灯片版式，也可在创建好幻灯片后，单击"开始"选项卡上"幻灯片"组中的"版式"按钮，在展开的列表中重新为当前幻灯片选择版式，如图 3-1-21 所示。

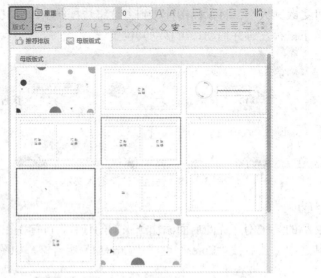

图 3-1-21　更改版式

4) 选择、复制和删除幻灯片

(1) 选择单张幻灯片，直接在"幻灯片"窗格中单击该幻灯片即可。要选择连续的多张幻灯片，可在按住"Shift"键的同时，单击前后两张幻灯片。要选择不连续的多张幻灯片，可在按住"Ctrl"键的同时，依次单击要选择的幻灯片。

(2) 复制幻灯片，可在"幻灯片"窗格中选择要复制的幻灯片，然后用鼠标右键单击所选幻灯片，在弹出的快捷菜单中选择"复制"命令，在"幻灯片"窗格中要插入复制的幻灯片的位置右键单击鼠标，从弹出的快捷菜单中选择"粘贴"命令，即可将复制的幻灯片插入到该位置，如图 3-1-22 所示。

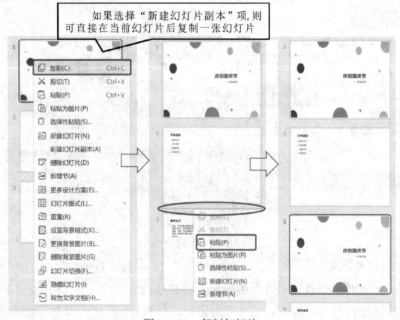

图 3-1-22　复制幻灯片

(3) 将不需要的幻灯片删除，首先在"幻灯片"窗格中选中要删除的幻灯片，然后按 "Delete"键；或用鼠标右键单击要删除的幻灯片，在弹出的快捷菜单中选择"删除幻灯 片"命令。删除幻灯片后，系统将自动调整幻灯片的编号，如图 3-1-23 所示。

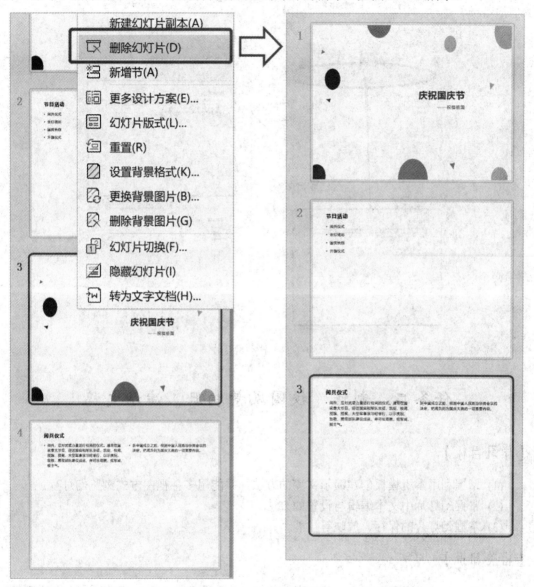

图 3-1-23 删除幻灯片

5) 调整幻灯片顺序

演示文稿制作好后，在播放演示文稿时，将按照幻灯片在"幻灯片"窗格中的排列顺 序进行播放。若要调整幻灯片的排列顺序，可在"幻灯片"窗格中单击选中要调整顺序的 幻灯片，然后按住鼠标左键将其拖到需要的位置即可，如图 3-1-24 所示。

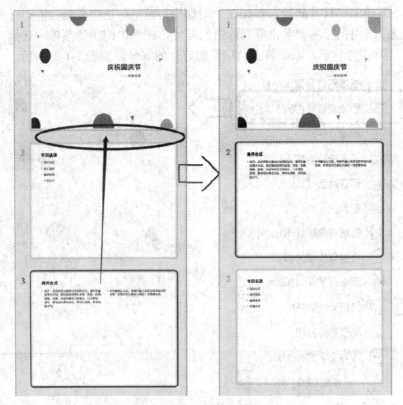

图 3-1-24　移动幻灯片

任务二　制作《校园风景相册》演示文稿

【学习目标】

(1) 掌握利用本机模板创建演示文稿的方法，并能用多种视图方式浏览幻灯片。

(2) 掌握幻灯片中文本编辑与设置的方法。

(3) 掌握幻灯片的保存、放映等技能。

【相关知识】

演示文稿：在 WPS 演示中，演示文稿和幻灯片这两个概念有一定的区别。利用 WPS 演示做出来的作品称为演示文稿，它是一个文件。而演示文稿中的每一页叫做幻灯片，每张幻灯片都是演示文稿中既相互独立又相互联系的内容。

模板：另存为".dpt/.pot/.potx"文件的一张幻灯片或一组幻灯片的图案或蓝图。模板可以包含版式、主题颜色、主题字体、主题效果和背景样式，甚至还可以包含内容。可以创建自己的自定义模板，然后存储、重用以及与他人共享它们。此外，还可以获取多种不同类型的 WPS 演示内置免费模板，也可以在稻壳金山办公内容服务平台和其他合作伙伴网站上获取可以应用于实际需求的演示文稿模板。

【任务说明】

利用 WPS 演示自带的"培训"样本模板制作《校园风景相册》演示文稿，并将相关的说明性文字进行编辑与设置，效果如图 3-2-1 所示。

图 3-2-1　《校园风景相册》演示文稿效果图

【任务实施】

1. 使用模板创建"校园风景相册"演示文稿

具体步骤如下：

(1) 打开 WPS 演示。

(2) 单击"文件"菜单项，打开文件操作子菜单。

(3) 单击"新建"命令，打开"本机上的模板"。

(4) 选择"通用"标签中的"培训"模板，单击"确定"按钮，打开"培训"模板，如图 3-2-2 所示。

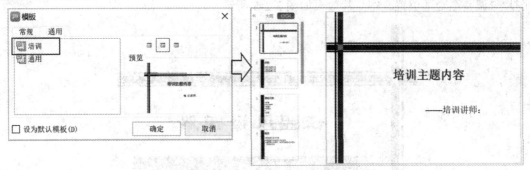

图 3-2-2　使用本机的"培训"模板创建

2. 修改页面

(1) 打开视图窗格中的"幻灯片"选项卡，单击第一张幻灯片缩略图，让第一张幻灯片在工作区中显示，单击副标题占位符，按两次"Delete"键删除，第一次删除占位符内文本，第二次彻底删除占位符，删除后如图 3-2-3 所示。

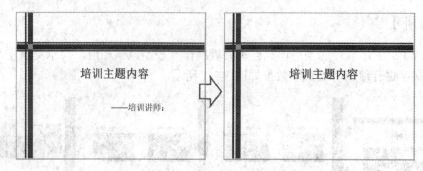

图 3-2-3　删除第一张幻灯片副标题占位符

(2) 删除占位符中的文本"培训主题内容"，输入"校园风景相册"，将其字体设置为"隶书"，字号设置为"60"，效果如图 3-2-4 所示。

图 3-2-4　修改正文标题占位符中的文字

(3) 单击功能区的"插入"选项卡，单击"图片"按钮，选择"本地图片"，在弹出的插入图片对话框中，定位至图片目录并插入图片"校园 1.jpg"，通过按下鼠标左键拖动图片来调整至合适位置。幻灯片效果如图 3-2-5 所示。

图 3-2-5　第一张幻灯片效果图

(4) 单击工作区窗口中垂直滚动条的下拉箭头，使第二张幻灯片成为当前幻灯片，如图 3-2-6 所示。

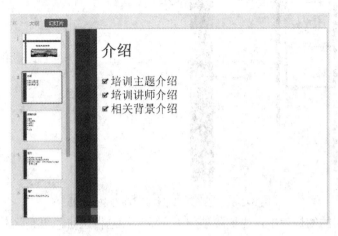

图 3-2-6　选择第二张幻灯片

3. 设置版式

(1) 单击"开始"选项卡"幻灯片"任务组中的"版式"按钮，或者用鼠标右键单击第二张幻灯片，在快捷菜单中选择"版式"命令，即可打开"母版版式"列表，如图 3-2-7 所示。

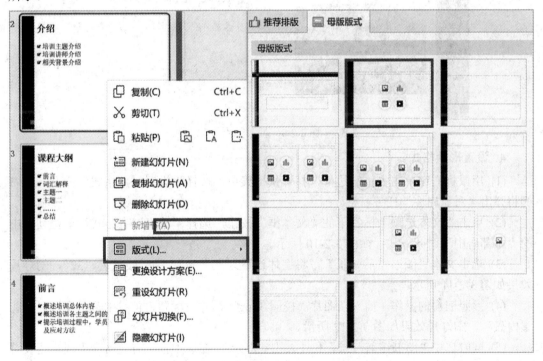

图 3-2-7　更改第二张幻灯片版式

(2) 选择版式"2 横栏(带标题)"，改变当前幻灯片的版式，效果如图 3-2-8 所示。

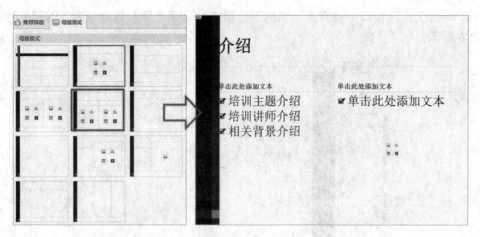

图 3-2-8　更改第二张幻灯片版式的效果

(3) 在该版式的幻灯片中，先删除顶部"介绍"标题占位符，再删除左侧内容占位符内的文字，并单击该占位符中的图片标志，弹出"插入图片"对话框，插入图片"校园 2.jpg"。在该图片上方的文本占位符中输入图片的相关信息"图书馆前一景"，如图 3-2-9 所示。

图 3-2-9　插入图片

4. 设置形状格式

(1) 用鼠标右键单击占位符边框，打开快捷菜单，选择"设置对象格式"命令，在右侧将弹出"对象属性"任务窗格。

(2) 单击"文本选项"标签下的"文本框"按钮，选择"垂直对齐方式"下拉列表中的"中部居中"对齐方式，如图 3-2-10 所示。

(3) 选中文本"图书馆前一景"，将字体设置为"隶书"，字号设置为"32"，幻灯片效果如图 3-2-11 所示。

(4) 参照前面的操作，插入新图片"校园 3.jpg"，并在标题占位符中输入文本"大礼堂内景"，幻灯片效果如图 3-2-12 所示。

(5) 同时选中"图书馆前一景"和"大礼堂内景"，在选中框上方会自动出现快捷设置所选对象对齐方式的挂件，如图 3-2-13 所示，在挂件中选择"底端对齐"。用同样的操作设置两张图片为"靠上对齐"，调整对齐后的幻灯片效果如图 3-2-14 所示。

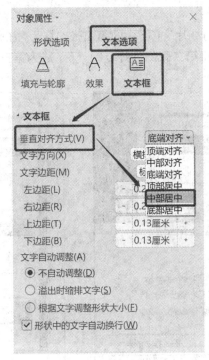

图 3-2-10 设置文本对齐方式

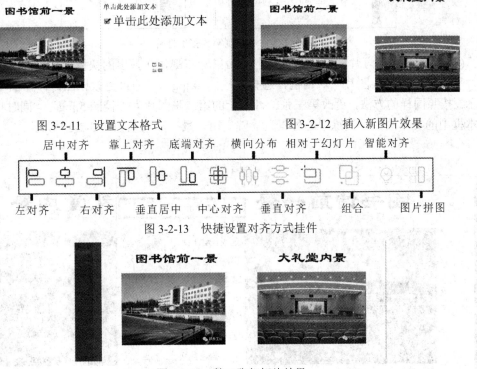

图 3-2-11 设置文本格式   图 3-2-12 插入新图片效果

图 3-2-13 快捷设置对齐方式挂件

图 3-2-14 第二张幻灯片效果

5. 编辑幻灯片

(1) 用鼠标右键单击"幻灯片"窗格中的第二张幻灯片，在弹出的快捷菜单中选择"新建幻灯片副本"命令，可以将第二张幻灯片复制一份，成为第三张幻灯片，效果如图 3-2-15 所示。

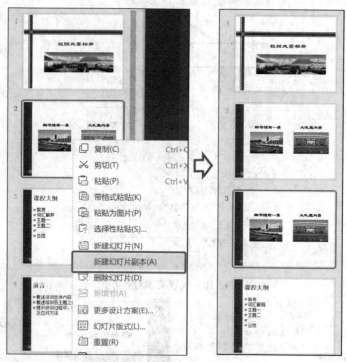

图 3-2-15　复制第二张幻灯片

(2) 在第三张幻灯片的第一张图片上单击鼠标右键，在弹出的快捷菜单中选择"更改图片"，弹出"插入图片"对话框，选择"校园 4.jpg"，即可更改原图片，如图 3-2-16 所示。按照同样的方法，更改第三张幻灯片上的第二张图片为"校园 5.jpg"。同时将两个文本框中的文本改为"训练中心外景""院史馆一景"，效果如图 3-2-17 所示。

图 3-2-16　更改图片

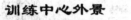

图 3-2-17　第三张幻灯片效果

(3) 在"开始"选项卡的"幻灯片"功能组中，单击"新建幻灯片"按钮右侧的倒三角，弹出版式列表，选择"横栏(带标题)"版式，即可新建第四张幻灯片，效果如图 3-2-18 所示。

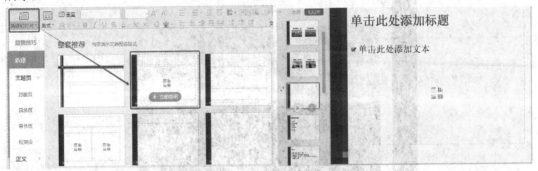

图 3-2-18　新建"横栏(带标题)"版式幻灯片

(4) 在新建的幻灯片中单击占位符中的图标，插入图片"校园 6.jpg"。在图片上方的文本占位符中输入"操场"。同样的方法，新建幻灯片并插入图片"校园 7.jpg"。幻灯片效果如图 3-2-19 所示。

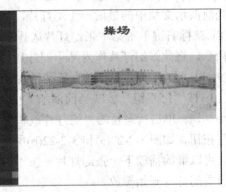

图 3-2-19　第四张和第五张幻灯片效果

(5) 按照同样的方法，新建幻灯片并插入图片"校园 8.jpg"，在图片上方的文本占位符中输入"花坛"，生成第六张幻灯片。

(6) 若图片尺寸不合适，可选中图片调整尺寸。被选中的图片的四条边会出现 8 个"小圆圈"，将光标移动至圆圈上方，光标将变成"双箭头"形状，此时拖动鼠标，图片的尺寸就会发生变化，拖动方法如图 3-2-20 所示，调整之后幻灯片效果如图 3-2-21 所示。

图 3-2-20　调整图片尺寸

图 3-2-21　第六张幻灯片效果

(7) 在窗口左侧的"幻灯片"选项卡中，选中第六张幻灯片，然后按住"Shift"键，单击当前演示文稿中的最后一张幻灯片，按"Delete"键，将选中的幻灯片全部删除。

(8) 鼠标右键单击第一张幻灯片选择"复制"命令，在最后一张幻灯片下面选择"粘贴"命令，将此张幻灯片作为结束幻灯片。

(9) 以"校园风景"为文件名保存该演示文稿。

(10) 按"F5"键，放映当前演示文稿，观看效果。

小知识：单击状态栏的"幻灯片放映"按钮或者"幻灯片放映"选项卡中的"幻灯片放映"按钮，如图 3-2-22(a)和 3-2-22(b)所示，则以全屏幕方式播放当前幻灯片。单击鼠标左键，可以继续播放下一张幻灯片，按"Esc"键将退出幻灯片放映。也可以直接按"F5"键从首页幻灯片开始播放。

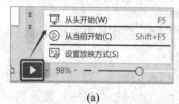

(a)

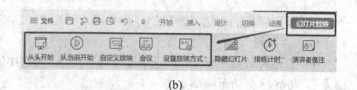

(b)

图 3-2-22　幻灯片放映

6. 编辑与设置文本

1) 在幻灯片中添加文本

(1) 使用文本框添加文本。

使用文本框工具可以灵活地在幻灯片的任何位置输入文本。在"开始"选项卡和"插入"选项卡中都有"文本框"工具按钮，如图 3-2-23 所示。

(a)"插入"选项卡中的"文本框"工具   (b)"开始"选项卡中的"文本框"工具

图 3-2-23 文本框工具按钮

在"幻灯片"窗格中选中要添加文本的幻灯片，然后单击"开始"选项卡上的"文本框"按钮，在弹出的选项中单击"横向文本框"按钮，然后在要插入文本框的位置按住鼠标左键并拖动，即可绘制一个文本框，如图 3-2-24 所示。

图 3-2-24 使用文本框添加文本

如果单击的是"垂直文本框"按钮，则可绘制一个竖排文本框，在其中输入的文本将竖排放置。

选择文本框工具后，如果在需要插入文本框的位置单击，可插入一个单行文本框。在单行文本框中输入文本时，文本框可随输入的文本自动向右扩展。如果要换行，可按"Shift+Enter"键，或按"Enter"键开始一个新的段落。

选择文本框工具后，如果利用拖动方式绘制文本框，则绘制的是换行文本框。在换行文本框中输入文本时，当文本到达文本框的右边缘时将自动换行，此时若要开始新的段落，可按"Enter"键。相关操作如图 3-2-25 所示。

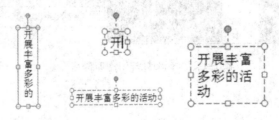

图 3-2-25 使用文本框添加文字的相关操作

　　在 WPS 演示中绘制的文本框默认是没有边框的，要为文本框设置边框，可首先单击文本框边缘将其选中，然后单击"开始"选项卡上"设置形状格式"组中的"轮廓"按钮右侧的三角按钮，在展开的列表中选择边框颜色、线型和粗细等。给第四张幻灯片的文本框设置的边框样式如图 3-2-26 所示。

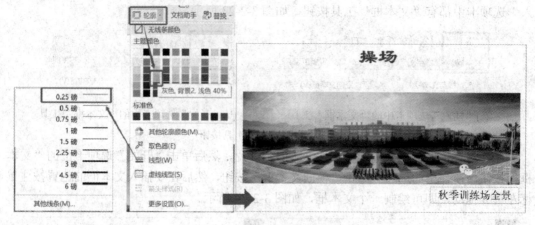

图 3-2-26　为文本框设置边框样式

　　(2) 添加特殊符号。

　　要在演示文稿中输入键盘上没有的符号，如单位符号、数学符号、几何图形等，可在"符号"对话框中进行操作。

　　将插入符置于要插入特殊符号的位置后，在"插入"选项卡上单击"符号"按钮，弹出"符号"对话框，在"字体"下拉列表中选择字体，然后在下方的符号列表中选择要插入的符号，单击"插入"按钮，即可将其插入到插入符所在的位置，单击"取消"按钮，关闭"符号"对话框即可。在幻灯片中添加特殊符号如图 3-2-27 所示。

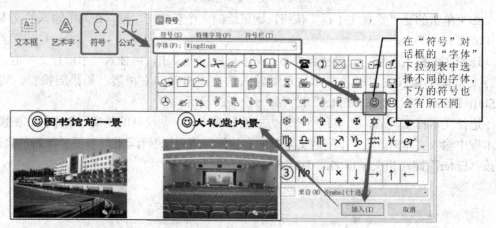

图 3-2-27　在幻灯片中添加特殊符号

　　2) 编辑文本

　　(1) 选择文本。

　　文本的选择方法如表 3-2-1 所示。

表 3-2-1　选择文本的主要方法

要选中的文本	操　作　方　法
任意少量文本	将鼠标"Ｉ"形指针置于要选择文本的开始处，按住鼠标左键不放并拖动至要选择文本的末端时释放鼠标左键
任意大量文本	将鼠标指针置于要选择文本的开始处，然后按住"Shift"键的同时在要选择文本的末端单击鼠标，可选中两次单击鼠标之间的文本
所有文本	将鼠标指针置于文本框中，按"Ctrl+A"组合键

如果要设置文本框或占位符中所有文本的格式，可单击文本框或占位符边缘将其选中。

(2) 移动与复制文本。

在 WPS 演示中，可以利用拖动方式，或"剪切""复制""粘贴"命令来移动或复制文本。

要利用拖动方式移动文本，可首先选中要移动的文本，然后按住鼠标左键并拖动，到新位置后释放鼠标左键，所选文本即从原位置移动到了新位置。例如在第七张幻灯片中，将第一行文本中的"活动"移动到第二行文本中的"主题"之前，其操作过程如图 3-2-28 所示。

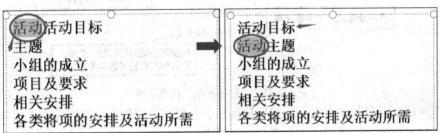

图 3-2-28　使用拖动方式移动文本

若在拖动过程中按住"Ctrl"键，移动操作将变为复制操作，原位置仍保留复制的对象，操作过程如图 3-2-29 所示。

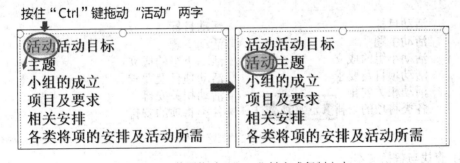

图 3-2-29　使用拖动+"Ctrl"键方式复制文本

要利用命令移动或复制文本，可在选中要移动或复制的文本后，单击"开始"选项卡"剪贴板"组中的"剪切"(表示移动操作)或"复制"按钮，然后将插入符置于目标位置，单击"剪贴板"组中的"粘贴"按钮，操作过程如图 3-2-30 所示。

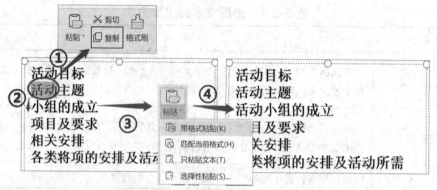

图 3-2-30　利用命令移动或复制文本

　　剪切、复制和粘贴命令的组合快捷键分别为"Ctrl+X""Ctrl+C"和"Ctrl+V"。粘贴文本时，有多个"粘贴"选项，可从展开的列表中选择目标文本采用的格式，不同的粘贴选项说明如图 3-2-31 所示。

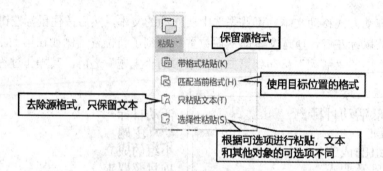

图 3-2-31　"粘贴选项"按钮说明

　　短距离移动或复制文本常采用鼠标拖动法。若要在不同程序、不同演示文稿或幻灯片中移动或复制文本，则采用剪切、复制和粘贴命令。

　　如图 3-2-32 所示，若要删除文本，可将插入符移至要删除的文本处，此时按"BackSpace"键可删除插入符左侧的文本，按"Delete"键可删除插入符右侧的文本；也可在选中文本后，按"Delete"键或"BackSpace"键将其一次性删除。

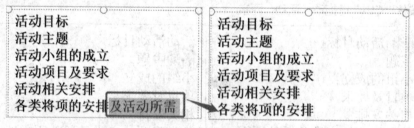

图 3-2-32　删除文本

　　(3) 查找与替换文本。

　　查找文本：如果要从某张幻灯片开始查找演示文稿的特定内容，可切换到该幻灯片，并在相应的位置单击。单击"开始"选项卡上"编辑"组中的"查找"按钮 ，或按"Ctrl+F"组合键，弹出"查找"对话框，在"查找内容"编辑框中输入要查找的内容，单击"查找下一个"按钮，系统将从插入符处开始查找，然后停在第一次出现查找内容的位置，查找到的内容会呈蓝色底纹显示。例如，在第一张幻灯片之后新建一张幻灯片，在其中添加相应的文本和图片，如图 3-2-33(a)所示。在文本中查找"王曲"后，"王曲"会以灰色底纹显示，如图 3-2-33(b)所示。

(a)

(b)

图 3-2-33　查找文本

　　"区分大小写"复选框：选中该复选框可在查找时区分英文大小写。

　　"全字匹配"复选框：限制查找到的内容与指定查找的内容完全一致，主要针对英文。例如，查找"fat"时，不选择此项，则"father"也会被查找到。

　　"区分全/半角"复选框：查找时区分全、半角。例如，查找"时间,"时，若不选择此项，则"时间，"也会被查找到。

"替换"按钮：单击该按钮将弹出"替换"对话框，在该对话框中，可用指定的文本替换查找到的文本。

继续单击"查找下一个"按钮，系统将继续查找，并停在下一个出现查找内容的位置。查找完毕，会出现一个提示对话框，在该对话框中单击"确定"按钮，结束查找操作，然后在"查找"对话框中单击"关闭"按钮，关闭该对话框。

替换文本：在"编辑"组中单击"替换"按钮 ，或按"Ctrl+H"组合键，弹出"替换"对话框，在"查找内容"编辑框中输入要查找的内容，如"将项"，在"替换为"编辑框中输入要替换为的内容，单击"查找下一个"按钮，系统将从插入符所在的位置开始查找，然后停在第一次出现文字"将项"的位置，并以蓝色底纹显示查找到的文字，单击"替换"按钮，将该处的"将项"替换为"奖项"，同时，下一个要被替换的内容以蓝色底纹显示。若不需替换查找到的文本，可单击"查找下一个"按钮继续查找；单击"全部替换"按钮，可一次性替换演示文稿中所有符合查找条件的内容。完成替换操作后，在出现的提示对话框中单击"确定"按钮，然后关闭"替换"对话框即可。

如图 3-2-34 所示，利用查找替换功能，将第八张幻灯片中"将项"替换为"奖项"。

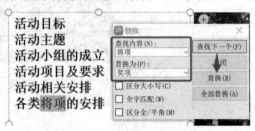

图 3-2-34　查找并替换文本

3) 设置文本的字符格式

(1) 使用功能区设置。

单击"开始"选项卡上"字体"组中的按钮，可快速地设置文本的字符格式。选中要设置字符格式的文本或文本所在的文本框(占位符)，然后单击"开始"选项卡的"字体"组中的相应按钮即可。如图 3-2-35 所示，将第二张幻灯片中的文本"介绍"设置为"华文琥珀"，字号为"54"，加粗，颜色为"深蓝"。

图 3-2-35　使用功能区设置文本的字符格式

(2) 使用对话框设置。

在"字体"对话框中可以完成"字体"组中的所有字符的设置，还可以分别设置中文和西文字符的格式。选中要设置字符格式的文本或文本所在文本框(占位符)，然后单击"开始"选项卡的"字体"组右下角的对话框启动器按钮，弹出"字体"对话框，在其中进行相应设置即可。如图 3-2-36 所示，利用对话框给文本"秋节训练场全景"设置格式：字体为"方正姚体"，字号为"24"，字形为"加粗倾斜"，字体颜色为"橙色"。

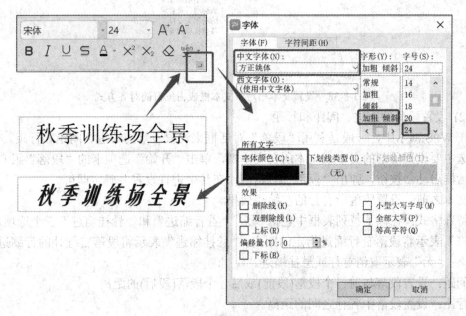

图 3-2-36 使用对话框设置文本的字符格式

4) 设置文本的段落格式

(1) 设置段落的对齐。

在 WPS 演示中，段落的对齐是指段落相对于文本框或占位符边缘的对齐，包括左对齐、右对齐、居中对齐、两端对齐和分散对齐。要快速设置段落的对齐方式，可在选中段落后单击"开始"选项卡上"段落"组中的相应按钮，相关说明如图 3-2-37 所示。

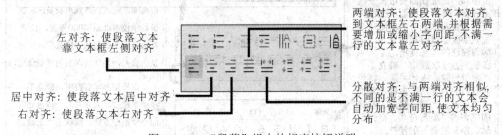

图 3-2-37 "段落"组中的相应按钮说明

如果要设置文本框或占位符中的所有文本相对于占位符或文本框的对齐方式，可在选中占位符或文本框后单击"段落"组中的"对齐文本"按钮，在展开的列表中选择一种对齐方式即可。如图 3-2-38 所示，将第八张幻灯片文本设置为"垂直居中"。

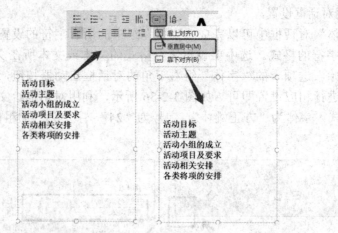

图 3-2-38　设置文本相对于文本框或占位符的对齐方式

(2) 设置段落的缩进、间距和行距。

在 WPS 演示中，一般是利用"段落"对话框来设置段落的缩进、间距和行距。

选中要设置段落的文本或文本所在文本框，单击"开始"选项卡的"段落"组右下角的对话框启动器按钮，弹出"段落"对话框，在其中进行设置并确定即可。

文本之前：设置段落所有行的左缩进效果。

特殊格式：在该下拉列表框中包括"无""首行缩进"和"悬挂缩进"三个选项。"首行缩进"表示将段落首行缩进指定的距离；"悬挂缩进"表示将段落首行外的行缩进指定的距离；"无"表示取消首行或悬挂缩进。

间距：设置段落与前一个段落(段前)或后一个段落(段后)的距离。

行距：设置段落中各行之间的距离。

第二张幻灯片的文本段落格式设置如图 3-2-39 所示。

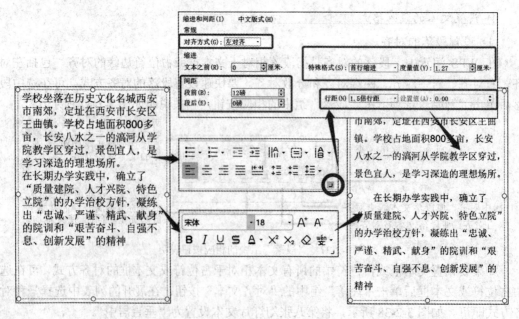

图 3-2-39　设置段落的缩进、间距和行距

(3) 设置文本方向和文本框。

在 WPS 演示中，可以将文本框或占位符中的文本以竖排、旋转 90° 等方向排列。此外，利用"对象属性"对话框的"文本框"选项卡，还可精确地设置文字在文本框中的对齐方式、方向，以及距文本框边缘的距离等。

选中文本占位符中的文本，单击"段落"组中的"文字方向"按钮，在展开的列表中显示了系统提供的多种文字排列方式，用户可从中选择需要的选项。若单击列表中的"其他选项"按钮，打开"对象属性"对话框的"文本选项"选项卡，在"文本框"下拉列表中选择一种文字的排列方式，在"垂直对齐方式"下拉列表中选择文本相对于文本框的对齐方式，在该对话框的"文字自动调整"设置区可设置占位符和文本框内文本的调整方式；在"文字边距"设置区可设置文本距占位符和文本框边缘的距离。

如图 3-2-40 所示，将第二张幻灯片的文本的文字方向设置为"竖排"，对齐方式为"中部居中"。

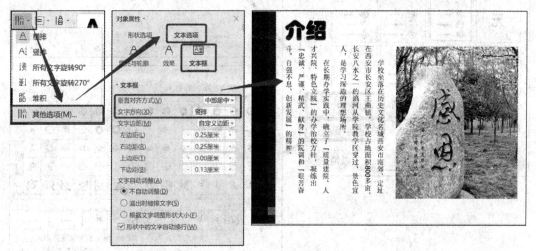

图 3-2-40　设置文本方向和文本框

5) 使用项目符号与编号

(1) 添加项目符号。

要为文本框或占位符内的段落文本添加项目符号，可将插入符定位在要添加项目符号的段落中，或选择要添加项目符号的多个段落。单击"开始"选项卡的"段落"组中的"项目符号"按钮右侧的三角按钮，在展开的列表中选择一种项目符号。第八张幻灯片文本设置项目符号效果如图 3-2-41 所示。

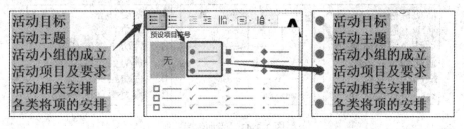

图 3-2-41　添加项目符号

若列表中没有需要的项目符号，或需要设置符号的大小和颜色等，可单击列表底部的"项目符号和编号"按钮，弹出"项目符号和编号"对话框。若希望为段落添加图片项目符号，可单击对话框中的"图片"按钮，弹出"图片项目符号"对话框，在该对话框中可选择需要的图片作为项目符号。若希望添加自定义的项目符号，可在"项目符号和编号"对话框中单击"自定义"按钮，弹出"符号"对话框，然后进行设置即可，如图 3-2-42 所示。

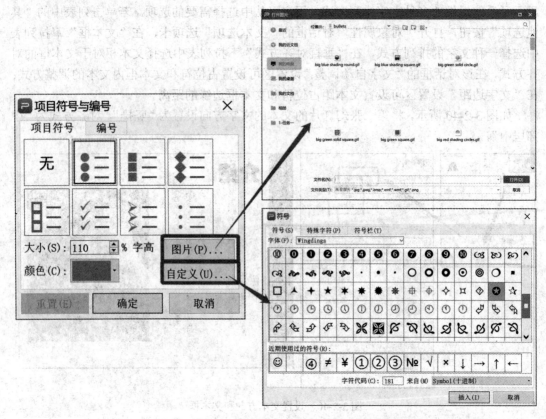

图 3-2-42　自定义项目符号

(2) 添加编号。

用户可为幻灯片中的段落添加系统内置的或自定义的编号。

将插入符置于要添加编号的段落中，或选中要添加编号的多个段落，单击"开始"选项卡的"段落"组中的"编号"按钮右侧的三角按钮，在展开的列表中选择一种系统内置的编号样式，即可为所选段落添加编号。第八张幻灯片文本添加编号效果如图 3-2-43 所示。

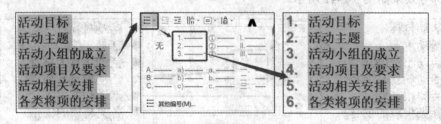

图 3-2-43　添加编号

7. 用不同的方式浏览演示文稿

1) 普通视图

普通视图是 WPS 演示默认的显示方式，在这个视图中可以同时编辑演示文稿大纲、幻灯片和备注页，能较全面地掌握整个演示文稿的情况。制作或修改幻灯片基本上都是在普通视图状态下完成的。

2) 幻灯片浏览视图

单击状态栏上的"幻灯片浏览"按钮 ⊞，或"视图"选项卡"演示文稿视图"组中的"幻灯片浏览"按钮，可切换为幻灯片浏览视图显示方式，如图 3-2-44 所示。在浏览视图中，可以在同一个窗口中看到这个演示文稿中所有幻灯片的缩略图，可以方便地复制、删除和移动幻灯片。

图 3-2-44　幻灯片浏览视图

3) 阅读视图

单击状态栏上的"阅读视图" ▭ 按钮，或"视图"选项卡"演示文稿视图"组中的"幻灯片浏览"按钮，可切换为阅读视图显示方式，如图 3-2-45 所示。

4) 备注页视图

单击"视图"选项卡的"演示文稿视图"组中的"备注页"按钮 ▭，则切换为备注页视图显示方式，每张幻灯片对应一个备注页，上半部分显示幻灯片，下半部分可以编辑演讲者备注的信息，如图 3-2-46 所示。这些备注信息在播放幻灯片时不会出现，只给演讲者起提示作用。

图 3-2-45　阅读视图

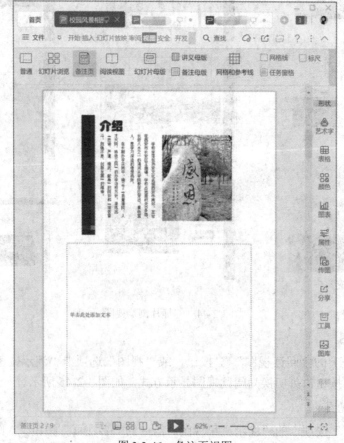

图 3-2-46　备注页视图

任务三　制作《美丽的军营》演示文稿(一)

【学习目标】

(1) 学会为幻灯片套用设计模板，学会改变幻灯片字体和配色方案等的方法。

(2) 掌握在幻灯片中插入艺术字、图片及绘制图形和智能图形的方法。

【相关知识】

幻灯片版式：包含要在幻灯片上显示的全部内容的格式设置、位置和占位符。占位符是版式中的容器，可容纳如文本(包括正文文本、项目符号列表和标题)、表格、图表、智能图形、影片、声音、图片及剪贴画等内容。版式还包含幻灯片的主题(颜色、字体、效果和背景)。

智能图形：是 WPS 演示自带的一款插件，使用智能图形可以在幻灯片中快速进行图文排版，是使传递信息和观点更为直观和直接的方式之一。可以通过从多种不同布局中进行选择来创建智能图形，如列表、流程、循环、关系、层次结构、矩阵、棱锥图、图片等，从而快速、轻松、有效地传达信息。

【任务说明】

本任务通过插入艺术字、图片及绘制自选图形、智能图形，利用设计模板、更改配色方案、修改幻灯片背景、修改模板等方法创建图文并茂的演示文稿，展示军营风采。演示文稿缩略图如图 3-3-1 所示。

图 3-3-1 "美丽的军营"演示文稿效果

【任务实施】

1. 新建 WPS 演示文稿并创建文字

(1) 启动 WPS 演示,系统自动新建一个临时文件名为"演示文稿1"的空白演示文稿,将其保存为"美丽的军营.dps"或"美丽的军营.pptx"。

(2) 在第一张幻灯片的标题占位符中输入"美丽的军营",在副标题占位符中输入"老兵",如图 3-3-2 所示。

图 3-3-2 第一张幻灯片输入标题和副标题

(3) 在"开始"选项卡的"新建幻灯片"下拉列表中,选择版式"仅标题",并在标题占位符中输入"忠诚 严谨 精武 献身",如图 3-3-3 所示。

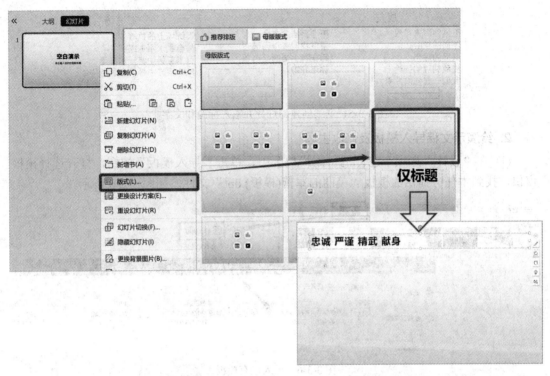

图 3-3-3　创建版式为"仅标题"的第二张幻灯片并输入文字

（4）使用与步骤（3）相同的方法，创建第三张幻灯片，并输入标题为"营区"。在"插入"选项卡中，选择"文本框"下拉列表中的"横排文本框"，并输入如图 3-3-4 所示的文字。

营区

苍松翠柏下点缀着簇簇红花

山岭起伏中

掩映着红墙绿瓦

图 3-3-4　创建版式为"仅标题"的第三张幻灯片并输入文字

（5）使用相同的方法，继续创建幻灯片并输入标题和文字，如图 3-3-5 所示。

战友	宿舍	训练场
五湖四海来相聚 不同的年龄 共同的理想 克敌制胜的征途上 我们一起向前冲杀	干净整洁的宿舍 留下我们多少回忆 睡在我上铺的兄弟 你还好吗？	训练场上的执着 教会我永不退缩 百米穿杨中将汗水挥洒 风吹雨打中锤炼金色年华

图 3-3-5　继续创建幻灯片并输入标题和文字

2. 给演示文稿导入模板及修改主题

(1) 在"设计"选项卡左侧的可用模板区中，单击"导入模板"按钮，打开选择模板窗口，找到本任务提供的模板"美丽的军营(模板).dpt"文件，如图 3-3-6 所示。

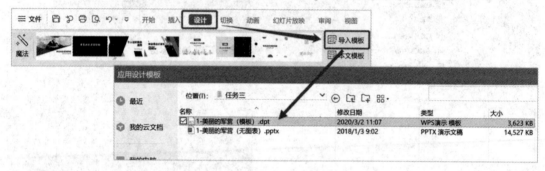

图 3-3-6　导入已有模板

当然，可以尝试更换不同的模板，还可以尝试使用各种配色方案。看看都有什么不同的效果。

(2) 批量设置字体。在"设计"选项卡中，单击"演示工具"按钮右侧的倒三角形，选择"批量设置字体"。在弹出的"批量设置字体"对话框中进行相关设置，首先选择字体修改的幻灯片范围；其次选择要修改文字的选项，这里的可选项有"标题""正文""文本框""表格"和"形状"，这里请注意副标题占位符内的文字属于"正文"类别；最后再进行样式的设置，如图 3-3-7 所示。

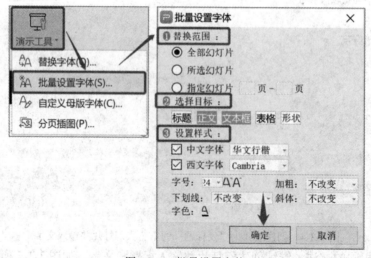

图 3-3-7　批量设置字体

(3) 设置项目符号。将第三张幻灯片的内容文本选中，单击"开始"选项卡的"段落"组中的"项目符号" ≡ 按钮右边的倒三角，选择"其他项目符号"命令，弹出"项目符号与编号"对话框，在该对话框中设置颜色为"深红"，然后单击"自定义"按钮，在弹出的"符号"对话框中，选择"Webdings"字体中的"☆"符号并单击"插入"按钮。第三张幻灯片项目符号的设置过程如图3-3-8所示。

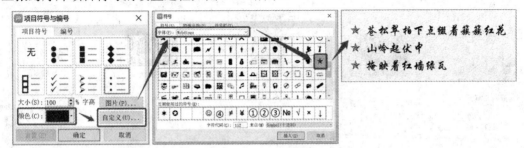

(a) "项目符号与编号"对话框   (b) "符号"对话框   (c) 完成设置的效果

图 3-3-8   设置项目符号的过程

(4) 设置文本对齐方式。右键单击第三张幻灯片中内容文本的文本框，在快捷菜单中选择"设置对象格式"命令，在右侧任务窗格中单击"文本选项"下的"文本框"按钮，设置文本的垂直对齐方式为"顶端对齐"。

注意：在"设置对象格式"对话框中不仅可以设置文本框的基本属性，还可以设置填充、轮廓、三维格式、效果等属性。

(5) 用"格式刷"统一字体格式。单击第三张幻灯片中的内容文本框的边框，将其选中，此时文本框的边框显示为实线和六个控制点的样式，如图3-3-9所示。

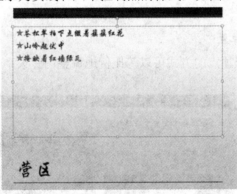

图 3-3-9   选中文本框

双击"开始"选项卡的"剪贴板"组中的"格式刷" ⬚ 命令按钮，使光标变成一把小刷子后，用鼠标滚轮向下滚动的方式，或者单击大纲区的不同幻灯片切换到下一张幻灯片，用鼠标单击后边幻灯片中的内容文本框的任意位置，即可实现用格式刷更改格式。格式设置完毕，再次单击"格式刷" ⬚ 命令按钮，取消格式刷。

3. 插入图片及设置图片格式

1) 插入图片

在大纲编辑区选中第三张幻灯片，选择"插入"选项卡中的"图片"命令，弹出"插入图片"对话框,如图 3-3-10 所示。按住"Ctrl"键,在"任务三"的"素材"文件夹中选中"图片 1.jpg"和"图片 2.jpg"后,单击"打开"按钮,即可在第二张幻灯片中插入这两张图片。

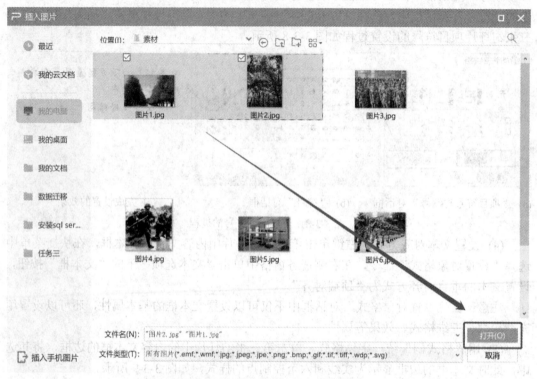

图 3-3-10 "插入图片"对话框

2) 调整图片大小和位置

用鼠标拖曳图片四个顶点的方式可以等比例地调整图片大小,再将其拖曳到合适的位置,效果如图 3-3-11 所示。

图 3-3-11 幻灯片中插入图片效果图

3) 设置图片格式

WPS 演示提供了丰富的图片格式设置工具。选中要设置的图片,利用"图片工具—格式"选项卡可以对图片进行各种美化操作，如删除图片背景、设置图片艺术效果、调整图片颜色、调整图片亮度和对比度、为图片套用系统内置的图片样式等。

按住"Ctrl"键或"Shift"键，同时选中第三张幻灯片中的两张图片，在"图片工具"选项卡中的"设置形状格式"组中对图片效果进行设置。

首先，单击"裁剪"按钮，在下拉列表中的"矩形"组中选择"圆角矩形"，图片被裁剪成"圆角矩形"形状，如图 3-3-12 所示。

图 3-3-12　裁剪图片形状

然后，单击"图片效果"按钮，在下拉菜单中选择"倒影"，在弹出列表中选择"倒影变体"组中的"紧密倒影，接触"选项，如图 3-3-13 所示。

图 3-3-13　设置图片效果

最后，用同样的方式设置第三张幻灯片中右侧的图片，最终效果如图 3-3-14 所示。

4) 将第四张幻灯片中的内容文本分成两部分

将第四张幻灯片中内容文本的后两行选中后，用快捷键"Ctrl+X"进行剪切，在页面空白处单击鼠标右键，在弹出的快捷菜单中选择"带格式粘贴"。此时，出现一个新的文本框，将该文本框置于页面右下部分，如图 3-3-15 所示。

图 3-3-14　第三张幻灯片最终效果　　　　图 3-3-15　设置粘贴选项

5) 编辑第四张幻灯片

按照以上步骤给第四张幻灯片插入"图片 3.jpg"和"图片 4.jpg"，并调整其大小和位置。编辑完成后第四张幻灯片的效果如图 3-3-16 所示。

图 3-3-16　第四张幻灯片效果图

注意：两幅图片有压盖现象时，可以用鼠标右键单击图片，在弹出的快捷菜单中选择"置于顶层""置于底层""上移一层"或"下移一层"命令，调整其叠放顺序。

6) 调整第五张幻灯片内容文本为竖排文本

选中第五张幻灯片的内容文本，右键单击文本框边框，在快捷菜单中选择"设置形状格式"命令，在弹出的对话框中，设置文本框"垂直对齐方式"为"右对齐"，"文字方向"为"堆积"，"行顺序"为"从右到左"，如图 3-3-17 所示。

给该页幻灯片插入"图片 5.jpg"，调整图片大小、位置，设置图片格式，效果如图 3-3-18所示。

4. 绘制图形

1) 绘制图形并填充图片

在第六张幻灯片中，绘制一个椭圆形和一个圆角矩形，并在图形中设置填充图片，如

图 3-3-19 所示。

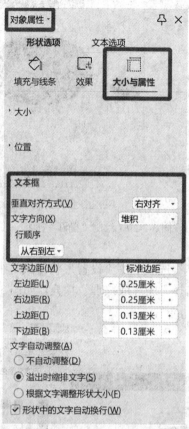

图 3-3-17 调整文本框设置

图 3-3-18 第五张幻灯片效果图　　　图 3-3-19 第六张幻灯片添加图形效果图

具体操作如下：

(1) 插入形状。

在"插入"选项卡中，选择"插图"组中的"形状"命令，在列表中选择"基本形状"→"椭圆"，此时光标变成"十"字形状，在第六张幻灯片中按下鼠标左键并拖曳绘制椭圆，如图 3-3-20 所示。并按照同样方法绘制圆角矩形。

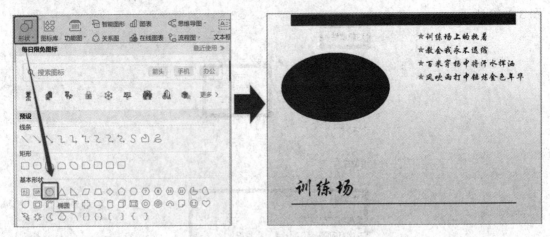

图 3-3-20　绘制"椭圆"形状

(2) 设置形状的填充效果。

选中椭圆，在"绘图工具"选项卡的"设置形状格式"组中单击"填充"按钮，展开"填充效果"列表，在其中选择"图片或纹理"填充，如图 3-3-21 所示。在弹出的"插入图片"对话框中选择"图片 7.jpg"。

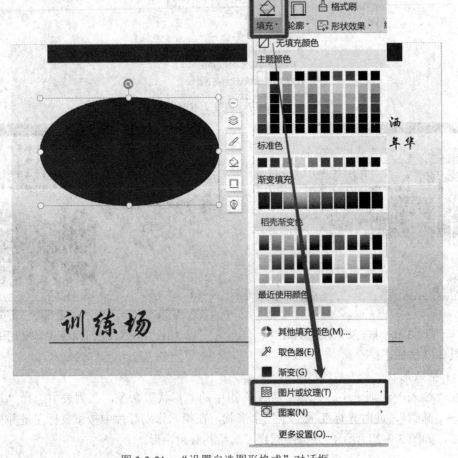

图 3-3-21　"设置自选图形格式"对话框

按照同样的方法，给圆角矩形填充"图片6.jpg"。幻灯片效果如图3-3-22所示。

图3-3-22 形状填充图片效果

2) 给椭圆形添加云形标注

在"插入"选项卡中选择"插图"组中的"形状"命令，在列表中选择"标注"→"云形标注"，拖住鼠标开始绘制标注，绘制完毕后放开鼠标，会看到标注有一个如图3-3-23所示的黄色小菱形块。用鼠标拖曳菱形标志，可以调整标注指向，比如将该标注指向左边的军人。按照同样的方法再添加一个"云形标注"，指向图中另一名军人。

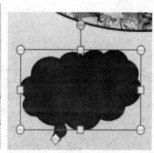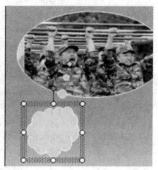

图3-3-23 绘制"云形标注"

3) 给标注添加文字

用鼠标右键点单击标注边框，在弹出的快捷菜单中选择"编辑文字"，然后在两标注内分别输入文本"啊"和"坚持"。设置云形标注填充色为"黄色"，其中文本为"黑色"，效果如图3-3-24所示。

4) 添加五角星图案

在首页幻灯片上绘制五角星图案，并进行填充设置，效果如图3-3-25所示。

具体操作步骤如下：

(1) 选择"插入"→"形状"→"星与旗帜"→"五角星"命令，如图3-3-26所示。光标变成"十"字形状，在第一张幻灯片中按下鼠标左键拖曳绘制五角星，注意同时按下"Shift"键，则绘制出正五角星。

(2) 用鼠标右键单击五角星，在弹出的快捷菜单中选择"设置对象属性"，弹出"对象属性"对话框,在"形状选项"中选择"填充与线条",则对话框下侧显示填充选项,如图 3-3-27 所示。

图 3-3-24　添加标注效果　　　　　图 3-3-25　添加五角星图案效果图

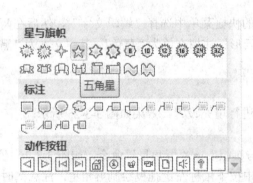

图 3-3-26　选择"五角星"形状

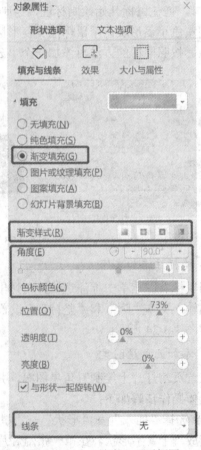

图 3-3-27　"填充"对话框图

(3) 选择"渐变填充",类型为"路径",渐变光圈"颜色 1"设置为亮黄色,"颜色 2"为橙黄色,取消轮廓返回。这样一个大五角星就绘制好了,如图 3-3-28 所示。

3-3-28 五角星填充效果

(4) 选中该五角星,复制、粘贴出另外四个五角星,并按住"Shift"键拖曳边框调整其大小,然后用鼠标拖曳方式调整位置。并通过每个小五角星顶端的绿色"旋转柄",调整小五角星的一个角对准大五角星的中心。

(5) 五个五角形位置调整合适之后,将五个五角星全部选中,在其上右键单击鼠标,在弹出的快捷菜单中选择"组合"→"组合"命令,将其组合成组,如图 3-3-29 所示。第一张幻灯片最终效果如图 3-3-30 所示。

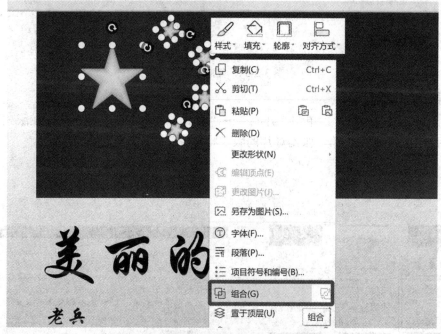

图 3-3-29 组合五角星

图 3-3-30 幻灯片效果

(6) 在窗口左侧的"幻灯片"窗格中,鼠标右键单击第一张幻灯片,在弹出的快捷菜单中选择"复制"命令,在最后一张幻灯片后单击鼠标右键,在"粘贴选项"中选择"带格式粘贴",即可将首张幻灯片粘贴一份到最后一张。修改标题文本为"谢谢",删除副标题文本,如图 3-3-31 所示。

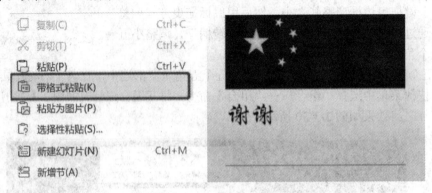

图 3-3-31　复制幻灯片

5. 插入智能图形

(1) 选中第二张幻灯片,单击"开始"→"版式"按钮右侧的倒三角,在版式列表中选择"两栏内容"版式,第二张幻灯片的版式将发生变化,如图 3-3-32 所示。

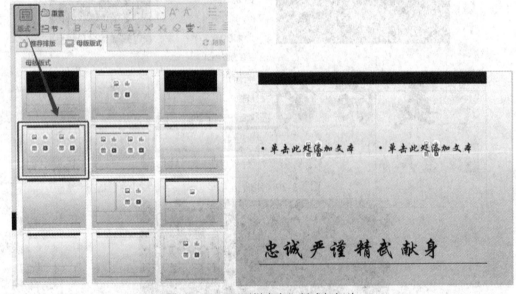

图 3-3-32　"两栏内容"版式幻灯片

(2) 单击左侧占位符中的图片图标,在弹出的对话框中选择"图片 8.jpg",插入图片。再单击右侧占位符,选择"插入"→"智能图形"图形,在弹出的"选择智能图形"对话框中,选择"列表"中的"垂直框列表",如图 3-3-33 所示。

(3) 在插入的图形左侧键入文字"营区""战友""宿舍"后,按回车键,在新的一行输入"训练场""画客的画",文字共五行。输入完毕后,单击智能图形,在"设计"选项卡中选择样式,幻灯片效果如图 3-3-34 所示。

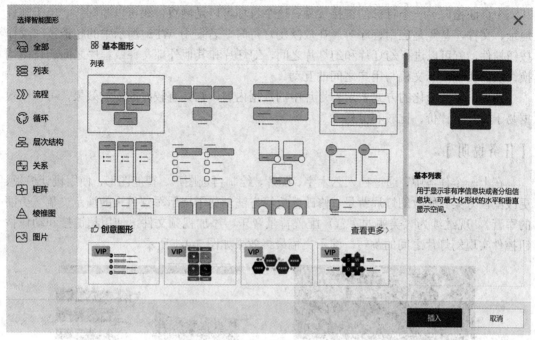

图 3-3-33　插入智能图形对话框

图 3-3-34　智能图形插入后的效果

任务四　制作《美丽的军营》演示文稿(二)

【学习目标】

(1) 掌握给幻灯片配置背景音乐、插入视频等多媒体文件的方法。

(2) 掌握在幻灯片中使用表格和图表展示数据的方法。

(3) 掌握通过超链接、动作按钮等为幻灯片设置交互效果的方法。

【相关知识】

超链接：本质上属于网页的一部分，是一种允许网页或站点之间进行连接的元素，是从一个页面指向另一个目标的链接关系。这个目标可以是网页，还可以是图片、电子邮件地址、文件，甚至是应用程序等。在放映幻灯片时，若使用 WPS 演示中的超链接或动作按钮控件，就可以进行幻灯片和幻灯片之间、幻灯片和其他外部文件或程序之间的自由切换，从而实现演示文稿与用户之间的互动。

图表：以图形化的方式表示幻灯片中的数据内容，它具有较好的视觉效果，可以使数据易于阅读、评价、比较和分析。

【任务说明】

在上一个任务中，通过插入艺术字、图片、绘制自选图形、智能图形，使用设计模板、更改配色方案、修改幻灯片背景、修改模板等方法创建了展示军营风采的演示文稿《美丽的军营》，现继续为《美丽的军营》配置背景音乐、添加视频文件，使用超链接和动作按钮控件实现幻灯片之间的跳转。演示文稿最终效果如图 3-4-1 所示。

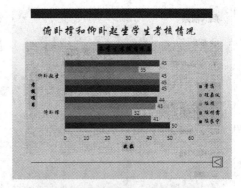

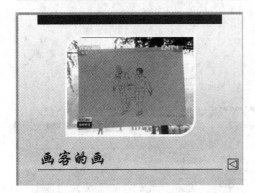

图 3-4-1 "美丽的军营"演示文稿效果

【任务实施】

1. 添加影片和背景音乐

1) 添加影片

在最后一张幻灯片前新建样式为"标题和内容"的幻灯片,在标题占位符中输入"画客的画"。单击该幻灯片内容占位符中的"插入媒体"按钮,或者选择"插入"选项卡→"视频"按钮,在弹出菜单中选择"嵌入本地视频"命令,弹出如图 3-4-2 所示的"插入视频"对话框,选择素材中的"画客的画. wmv"影片文件,单击"打开"按钮,即可插入影片。

2) 影片播放设置

选中视频,在"视频工具"选项卡中可以设置影片播放属性,选择"单击"开始播放,勾选"播放完返回开头"复选框,如图 3-4-3 所示。

3) 影片样式设置

选中视频,在"图片工具"选项卡中可以设置视频外观样式,选择"裁剪"列表中的"对角圆角矩形"形状,如图 3-4-4 所示。

4) 添加影片效果

在放映演示文稿时单击影片即可播放,最终效果如图 3-4-5 所示。

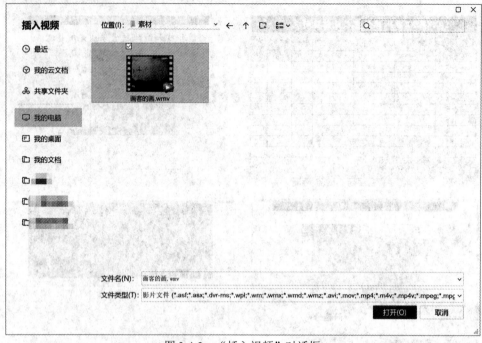

图 3-4-2　"插入视频"对话框

图 3-4-3　影片播放设置

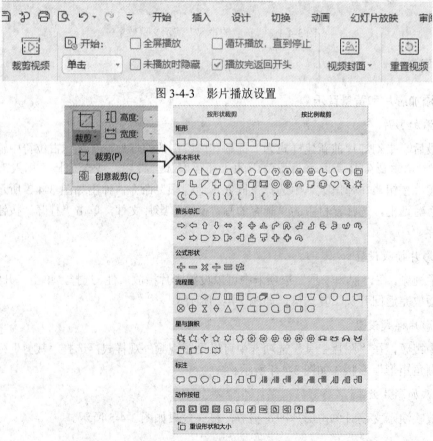

图 3-4-4　设置视频外观形状

图 3-4-5 幻灯片插入影片效果

5) 给演示文稿添加背景音乐

单击第一张幻灯片，选择"插入"→"音频"命令，在弹出菜单中选择"嵌入音频"命令，弹出"插入音频"对话框，选择"素材"中的"美丽的军营.mp3"声音文件，单击"打开"按钮，如图 3-4-6 所示。

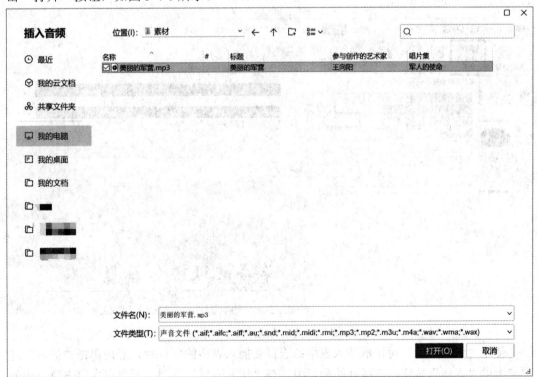

图 3-4-6 "插入音频"对话框

6) 音频播放设置

此时，页面上会出现一个小喇叭的图标，在"音频工具"选项卡中可以设置音频播放属性,选择"自动"开始,勾选"放映时隐藏""循环播放,直至停止"复选框,如图 3-4-7 所示。然后按"F5"键放映演示文稿。

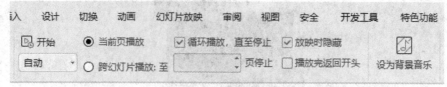

图 3-4-7　音频播放设置

2. 使用表格和图表展示数据

1) 在幻灯片中应用表格

表格主要用来组织数据,它由水平的行和垂直的列组成,行与列交叉形成的方框称为单元格,我们可以在单元格中输入各种数据,从而使数据和事例更加清晰,便于读者理解。

(1) 插入表格并输入内容。

使用网格插入表格:选择要插入表格的幻灯片,然后单击"插入"选项卡上的"表格"按钮,在展开的列表中显示的小方格中移动鼠标,当列表左上角显示所需的行、列数后单击鼠标,即可在幻灯片中插入一个带主题格式的表格。该方法最大能创建 8 行 20 列的表格,其中小方格代表创建的表格的行、列数。新建第七张空白幻灯片并插入 4 行 8 列表格的效果图如图 3-4-8 所示。

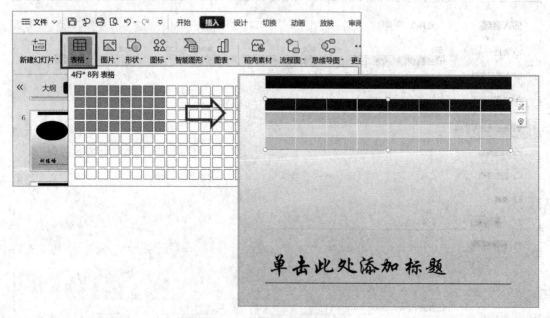

图 3-4-8　使用网格插入表格

使用"插入表格"对话框插入表格:选择要插入表格的幻灯片,然后单击"插入"选项卡上的"表格"按钮,在展开的列表中选择"插入表格"选项,或单击内容占位符中的"插入表格"图标,打开"插入表格"对话框,设置列数和行数,单击"确定"按钮,然后在表格中输入文本即可。

如图 3-4-9 所示,利用"插入表格"对话框插入 11 行 13 列的表格,并输入文本。

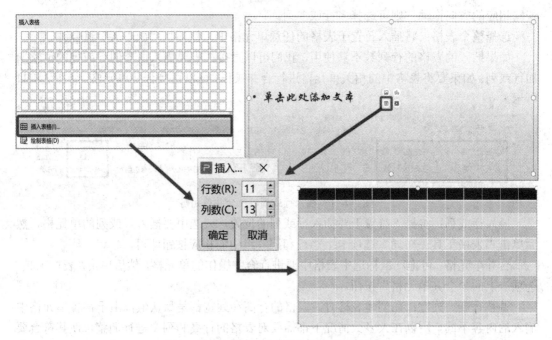

图 3-4-9 使用"插入表格"对话框插入表格

可按键盘上的方向键"→""←""↑""↓"和"Tab"键切换到其他单元格中,然后输入文本。

(2)编辑表格。

表格创建好后,接下来我们可对表格进行适当的编辑操作。如合并相关单元格以制作表头,在表格中插入行或列,以及调整表格的行高和列宽等。

选择单元格、行、列或整个表格:要对表格进行编辑操作,首先要选择表格中要操作的对象,如单元格、行或列等,常用选择方法如下,具体操作如图 3-4-10 所示。

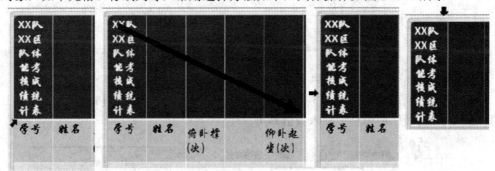

图 3-4-10 选择单元格、行、列或整个表格的方法

选择单个单元格:将鼠标指针移到表格单元格的左下角,待鼠标指针变成向右的黑色箭头时单击即可。

选择连续的单元格区域:将鼠标指针移到要选择的单元格区域左上角,拖动鼠标到要选择区域的右下角,即可选择左上角到右下角之间的单元格区域。

选择整行和整列:将鼠标指针移到表格边框左侧的行标上,或表格边框上方的列标上,当鼠标指针变成"向右"或"向下"的黑色箭头形状时,单击鼠标即可选中该行或该列。

若向相应的方向拖动，则可选择多行或多列。

　　选择整个表格：将插入符置于表格的任意单元格中，然后按"Ctrl+A"组合键。

　　如果插入的表格的行列数不够使用，我们可以直接在需要插入内容的行或列的位置增加行或列。如果要将表格中的相关单元格进行合并操作，可以直接合并单元格。如图 3-4-11所示。

图 3-4-11　插入行或列以及合并单元格

　　插入行或列：将插入符置于要插入行或列的位置，或选中要插入行或列的单元格，然后单击"表格工具—布局"选项卡上"行和列"组中的相应按钮即可。

　　合并单元格：可拖动鼠标选中表格中要进行合并操作的单元格，然后单击"表格工具"选项卡上的"合并单元格"按钮。

　　调整行高、列宽：在创建表格时，表格的行高和列宽都是默认值，由于在各单元格中输入的内容不同，所以在大多数情况下都需要对表格的行高和列宽进行调整，使其符合要求。调整方法有两种，一是使用鼠标拖动，二是通过"单元格大小"组精确调整。

　　使用鼠标拖动方法：如图 3-4-12 所示，将鼠标指针移到要调整行的下边框线上或调整列的列边框线上，此时鼠标指针变成"上下"或"左右"双向箭头形状，按住鼠标左键上下或左右拖动，调整到合适位置后释放鼠标，即可调整该行行高或该列列宽。

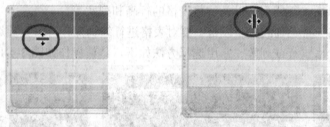

图 3-4-12　拖动鼠标调整行高、列宽

　　精确调整行高或列宽：如图 3-4-13 所示，选中行或列后，在"表格工具"选项卡上的"高度"或"宽度"编辑框中输入数值即可。

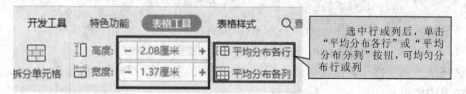

图 3-4-13　精确调整行高或列宽

　　要调整整个表格的大小，可选中表格后将鼠标指针移到表格四周的控制点上(共有 8个点)，待鼠标指针变成双向箭头形状时按住鼠标左键并拖动即可。或者选择表格单击鼠标右键，在弹出菜单中选择"设置对象属性"命令，弹出"对象属性"窗格，在"形状选项"

选项卡中选择"大小与属性"选项，在"高度"和"宽度"编辑框中输入相应数值，如图 3-4-14 所示。

图 3-4-14　调整整个表格大小

　　表格是作为一个整体插入到幻灯片中的，其外部有虚线框和一些控制点。拖动这些控制点可调整表格的大小，方法如同调整图片、形状和艺术字的大小一样。

　　移动表格：如图 3-4-15 所示，若要移动表格在幻灯片中的位置，可将鼠标指针移到除表格控制点以外的边框线上，待鼠标指针变成"十"字箭头形状后，按住鼠标左键并拖动到合适位置即可。

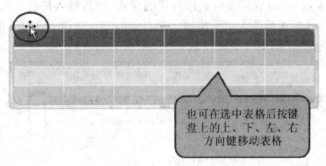

也可在选中表格后按键盘上的上、下、左、右方向键移动表格

图 3-4-15　移动表格

　　设置表格内文本的对齐格式：如图 3-4-16 所示，要设置表格内文本的对齐方式，可选中要调整的单元格后，单击"表格工具"选项卡上的相应按钮即可。

按钮：分别用于设置文本在水平方向上与单元格的左对齐、居中对齐和右对齐。

按钮：分别用于设置文本在垂直方向上与单元格的顶端对齐、水平居中和底端对齐。

图 3-4-16　设置表格内文本的对齐格式

　　设置表格内文本的字符格式：选中表格内容后在"开始"选项卡的"字体"组中进行设置。如图 3-4-17 所示，将该表格的标题文字设置为：字体"华文楷体"，字号"28"，加粗。

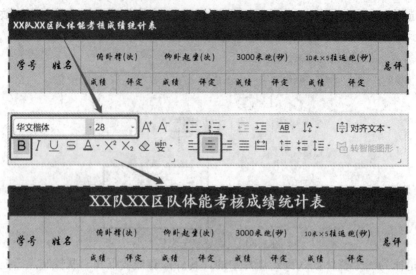

图 3-4-17　设置表格内文本的字符格式

(3) 美化表格。

对表格进行编辑操作后，还可以对其进行美化操作，如设置表格样式，为表格添加边框和底纹等。

如图 3-4-18 所示，要对表格套用系统内置的样式，可将插入符置于表格的任意单元格，然后单击"表格样式"选项卡上"表格样式"右侧的下拉按钮，在展开的列表中选择一种样式即可。

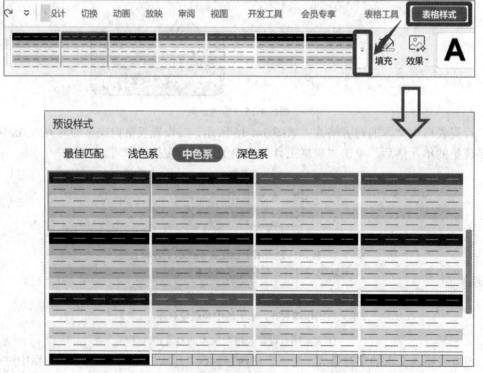

图 3-4-18　选择表格样式

　　要为表格或单元格添加自定义的边框，可选中表格或单元格，然后使用"表格样式"选项卡右侧的功能按钮，设置边框的线型、粗细、颜色，再单击"边框"按钮右侧的三角按钮，在展开的列表中选择一种边框类型。

　　如图 3-4-19 所示，表格外侧框线设置为："虚线""粗细 3 磅""红色"；表格内侧框线设置为："实线""粗线 1 磅""黑色文本 2""浅色 90%"。

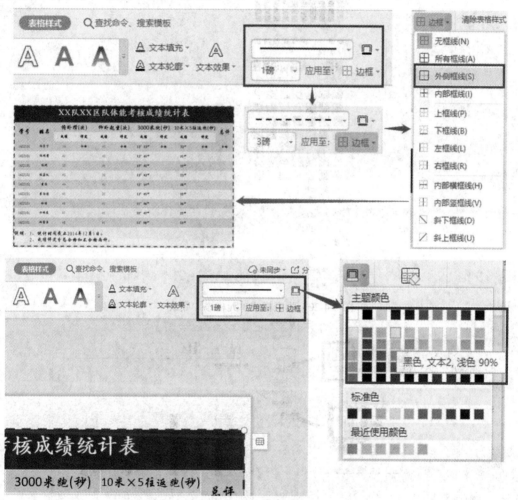

图 3-4-19　为表格或单元格添加自定义的边框

　　要为表格或单元格添加底纹，如图 3-4-20 所示，可选中表格或单元格后单击"表格样式"选项卡的"填充"按钮右侧的三角按钮，在展开的列表中选择一种底纹颜色即可。

　　2）在幻灯片中插入图表

　　要在幻灯片中插入图表，首先要有创建图表的数据，选择要插入图表的幻灯片，然后单击内容占位符中的"插入图表"图标，或单击"插入"选项卡上的"图表"按钮，弹出"插入图表"对话框，对话框左侧为图表的分类，选择"柱形图"分类，此时在对话框右侧的列表框中列出了该分类下的不同样式的图表，选择一种图表类型，然后单击"插入"按钮，幻灯片中就会插入该类型的图表，如图 3-4-21 所示。

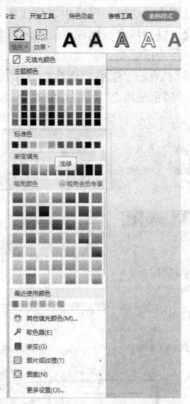

图 3-4-20   为表格或单元格添加底纹

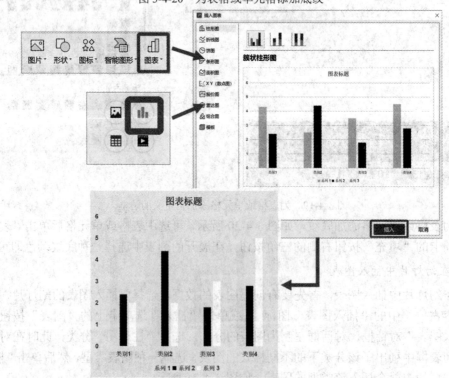

图 3-4-21   插入图表过程图

3) 编辑和美化图表

在幻灯片中插入图表后，可以利用"图表工具"选项卡上的功能按钮，对图表进行编辑和美化操作，如编辑图表数据、更改图表类型、调整图表布局、对图表各组成元素进行格式设置等。

(1) 编辑图表数据。

若系统自动插入的图表并不是想要呈现的数据的图表，则需要对图表数据进行编辑。选中图表，在"图表工具"选项卡中单击"编辑数据"按钮，打开一个 WPS 表格工作簿，在对应的工作表中输入需要使用的数据，然后关闭 WPS 表格工作簿，工作表就变成所需要的图表了，如图 3-4-22 所示。

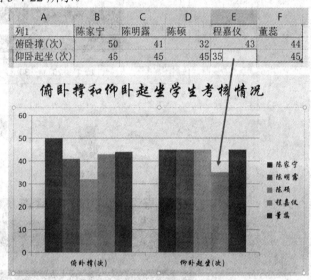

图 3-4-22　编辑图表数据

还可以单击"选择数据"按钮，在打开的 WPS 表格工作表中重新选择图表数据。

(2) 更改图表类型。

要更改图表类型，可单击图表以将其激活，选择"图表工具"选项卡上的"更改类型"命令，然后在弹出的"更改图表类型"对话框中选择一种图表类型即可。操作过程如图 3-4-23 所示。

(3) 编辑图表元素。

选中图表标题，输入新标题，并切换至"开始"选项卡，设置标题的格式，如图 3-4-24所示。

选中图表，在"图表工具"选项卡中单击"添加元素"下拉按钮，在弹出的选项中选择"数据标签"→"数据标签外"选项，如图 3-4-25 所示。

在"图表工具"选项卡中单击"添加元素"下拉按钮，在弹出的选项中选择"图例"→"右侧"选项，此时图例已从图表底部移到图表的右侧，如图 3-4-26 所示。

(4) 设置图表样式。

我们还可以对图表中的元素进行自定义填充颜色、设置边框样式及形状效果。WPS演示提供了预设的图表样式，选中图表，在"图表工具"选项卡中单击"图表样式"右侧的按钮，打开"图表样式"列表，选择需求的样式，如图 3-4-27 所示。

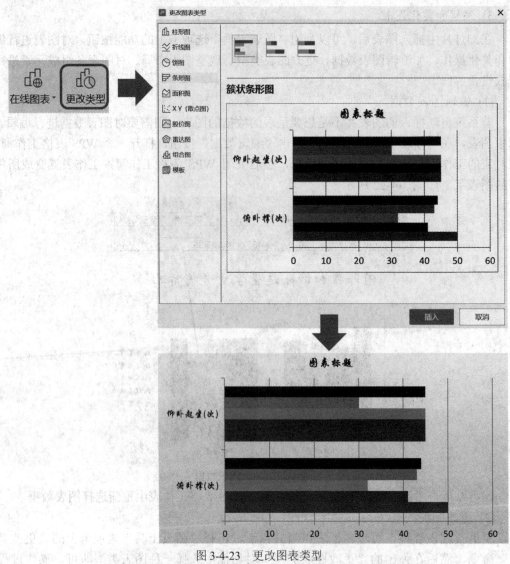

图 3-4-23　更改图表类型

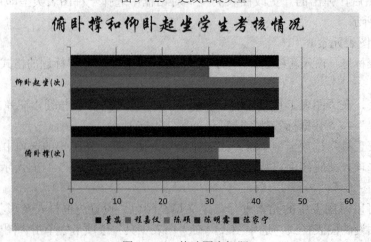

图 3-4-24　修改图表标题

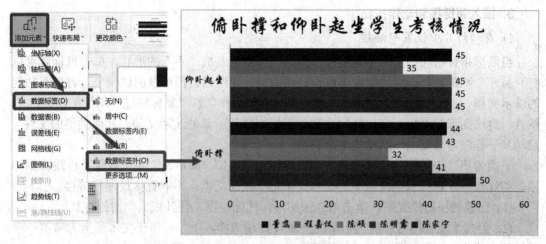

图 3-4-25 添加"数据标签"

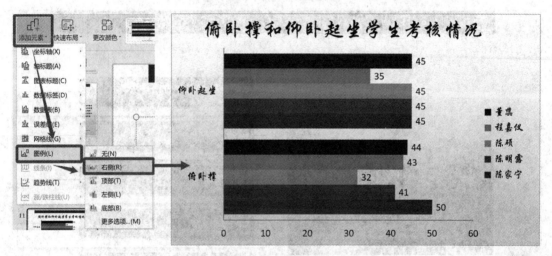

图 3-4-26 改变图例位置

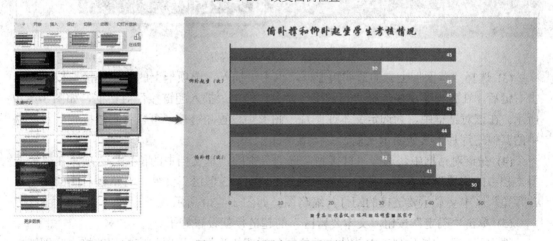

图 3-4-27 为图表设置预设样式

3. 插入超链接和动作按钮

1) 在幻灯片中设置超链接

当鼠标指针指向网页上的超链接标志时，指针会变成"手"的形状，单击鼠标就可以打开另一个网页。在幻灯片中也可以设置超链接，使用超链接可以创建一个具有交互功能的演示文稿。可以根据需要按屏幕提示通过"单击鼠标"或"鼠标移过"动作按钮、文本、图片、自选图形等对象，有选择地跳转到某张幻灯片、其他演示文稿、其他类型的文件、启动某一程序，甚至是网络中的某个网站。

下面为第二张幻灯片智能图形中的文本创建超链接，即单击文本位置就可以跳转到相应的幻灯片。注意：智能图形中的文本并不是单独的文本，不能直接设置超链接。

(1) 在普通视图模式下，单击第二张幻灯片的缩略图，使其成为当前幻灯片。

(2) 因为不能直接对智能图形中的文本设置超链接，所以在每个文本的上方覆盖一个透明的形状作为超链接的媒介，如透明的矩形。如图 3-4-28 所示。

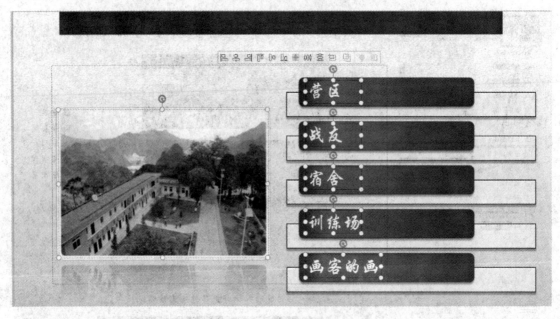

图 3-4-28　设置超链接媒介

(3) 选择"营区"上方的透明矩形框，单击"插入"选项卡上的"超链接"按钮或单击右键后，在弹出菜单中选择"超链接"命令，弹出"插入超链接"对话框，如图 3-4-29 所示。在该对话框中，为选定文本或图片、图形等设置超链接，可以将它链接到演示文稿中的其他幻灯片、其他演示文稿、文档或 Web 页。

(4) 在该对话框中，选择"链接到"选项区中的"本文档中的位置"选项，在"请选择文档中的位置"列表中，选择要链接到的幻灯片"3.营区"文件，对话框右侧的"幻灯片预览"区中会显示要链接的幻灯片缩略图。如图 3-4-30 所示。

(5) 单击"确定"按钮，文本"营区"的超链接就设置好了。

选中第二张幻灯片列表中其他文本位置的透明矩形框，设置相应的超链接，分别链接到"战友""宿舍""训练场"幻灯片。

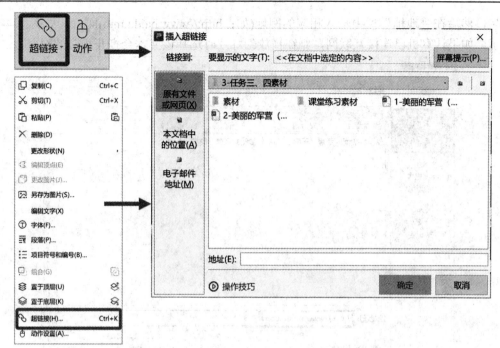

图 3-4-29　"插入超链接"对话框

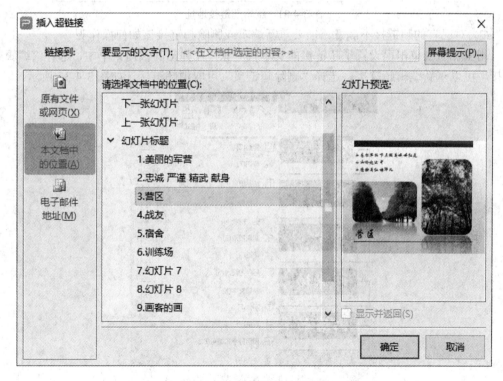

图 3-4-30　选择链接的幻灯片

小知识:

(1) 如果要链接到互联网该如何设置?

可以在"插入超链接"对话框中,选择"链接到"选项区中的"原有文件或网页选项"，然后在"地址"栏中输入相应的网址(如：http://www.baidu.mtn)即可，如图 3-4-31 所示。如果计算机已连接互联网，则在播放幻灯片时选择该文本会打开相应的网页。

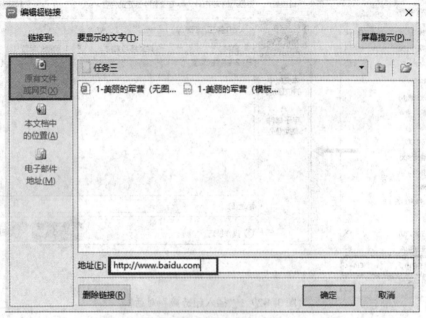

图 3-4-31　编辑超链接地址

(2) 对已有的超链接不满意，需要重新编辑或删除超链接该如何操作呢？

用鼠标右键单击已设置了超链接的文本或对象，在弹出的快捷菜单中，选择"编辑超链接"可以重新编辑超链接，选择"删除超链接"可取消超链接，如图 3-4-32 所示。

图 3-4-32　编辑"超链接"命令

2) 在幻灯片中设置动作按钮

WPS 带有一组制作好的动作按钮,可以将动作按钮插入到幻灯片中并为其定义超级链接。动作按钮包括一些形状,例如左箭头和右箭头。可以使用这些常用的容易理解的符号转到下一张、上一张、第一张和最后一张幻灯片。我们在第三至第七的每一张幻灯片中设置一个动作按钮,使得播放这张幻灯片时,单击这个动作按钮就可以返回到第二张幻灯片。

(1) 选择第三张幻灯片为当前幻灯片。选择"插入"选项卡中的"形状"命令,弹出"形状"列表,其中的"动作按钮"组可以制作返回按钮。如图 3-4-33 所示。

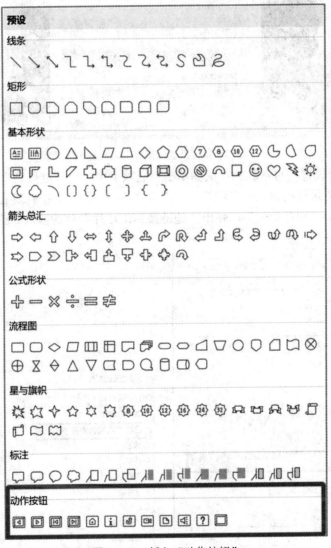

图 3-4-33　插入"动作按钮"

(2) 单击"动作按钮"列表上的"后退或前一项"按钮◁,将鼠标指针移至幻灯片中的适当位置,指针变成"十"字形状,按住左键拖动鼠标,幻灯片上出现了一个按钮,当按钮大小合适时松开鼠标左键,绘制动作按钮的操作就完成了,此时会弹出"动作设置"对话框,如图 3-4-34 所示。

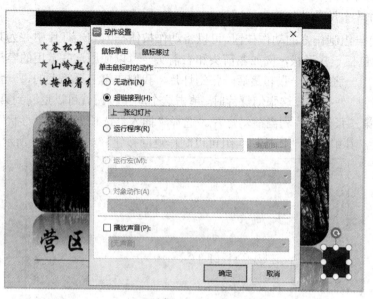

图 3-4-34　"动作设置"对话框

(3) 在"动作设置"对话框的"鼠标单击"选项卡中，"超链接到"下拉列表中默认该动作按钮的功能是链接到上一张幻灯片。单击"超链接到"下拉列表右端的 ▾ 按钮，在弹出的列表中选择"幻灯片…"，弹出"超链接到幻灯片"对话框，如图 3-4-35 所示。

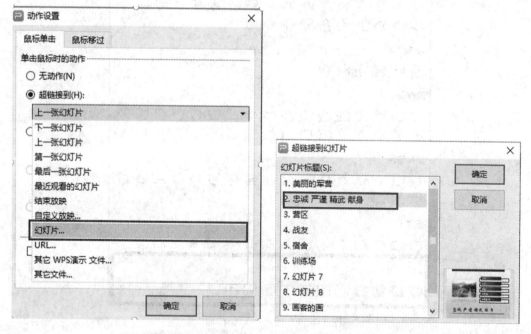

图 3-4-35　设置动作按钮超链接到相应幻灯片

(4) 在"超链接到幻灯片"对话框的"幻灯片标题"列表中单击要链接到的幻灯片标题，单击标题为"2.忠诚 严谨 精武 献身"的幻灯片，再单击"确定"按钮，完成对动作按钮的超链接设置，返回到幻灯片编辑状态。

新插入的动作按钮◻四周有八个尺寸控制点，用鼠标拖动的方式来调整它的位置和大小，也可以右键单击它，在弹出的快捷菜单中选择"设置对象格式"命令，在弹出的"对象属性"对话框中设置填充颜色等属性，如图 3-4-36 所示。

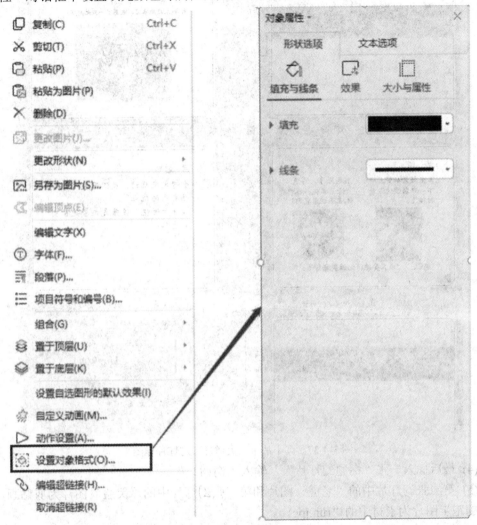

图 3-4-36 "设置对象格式"命令及"对象属性"对话框

(5) 播放该演示文稿，当播放到第二张幻灯片时，单击"营区"超链接，就会播放第三张幻灯片。当播放第三张幻灯片时，用鼠标单击☑按钮，就会返回第二张幻灯片。

按照同样的方法，给第四至第七张幻灯片添加动作按钮，均返回第二张幻灯片。

4. 课堂练习

利用本书给出的素材或者上网收集素材制作《小故事，大道理》幻灯片，如图 3-4-37 所示。

(1) 创建空白演示文稿，使用提供的"小故事，大道理"模板。

(2) 给第一张幻灯片插入艺术字"小故事 大道理"，不限格式。

(3) 插入三张新幻灯片，并输入相关文本。其中第二张幻灯片中需插入横排文本框，以便输入文本，并将其调整至合适位置。

图 3-4-37 《小故事，大道理》幻灯片样图

(4) 最后插入一张"标题幻灯片"，输入"谢谢！"。

(5) 第二张幻灯片中的"老虎"图片和第三张幻灯片中的"哭脸"图片为剪贴画，第三张的跑步图片为素材中的"run.jpg"。

(6) 第二张幻灯片中插入老虎叫声"tiger.wmv"，并设置为自动播放。

(7) 给幻灯片插入编号。

(8) 保存文件为 E:\学号姓名文件夹\小故事大道理.pptx。

任务五 为《我们在部队的日子》演示文稿设计模板

【学习目标】

(1) 掌握应用幻灯片母版、讲义母版和备注母版的方法。

(2) 掌握编辑和应用幻灯片母版的方法。

【相关知识】

母版视图：它包括幻灯片母版视图、讲义母版视图和备注母版视图。它们是存储有关演示文稿的信息的主要幻灯片，其中包括背景、颜色、字体、效果、占位符大小和位置。使用母版视图的一个主要优点在于，在幻灯片母版、备注母版或讲义母版上，可以对与演示文稿关联的每个幻灯片、备注页或讲义的样式进行全局更改。

幻灯片母版：它是一种特殊的幻灯片，利用它可以统一设置演示文稿中的所有幻灯片，或指定幻灯片的内容格式(如占位符中文本的格式)，以及需要统一在这些幻灯片中显示的内容，如图片、图形、文本或幻灯片背景等。

【任务说明】

为《我们在部队的日子》演示文稿编辑母版，设计主题模板，为不同版式的幻灯片设计不同的背景及文字模板。

【任务实施】

1. 认识幻灯片母版

1) 应用幻灯片母版

单击"视图"选项卡上的"幻灯片母版"按钮，进入幻灯片母版视图，此时将显示"幻灯片母版"选项卡。

默认情况下，将幻灯片母版视图左侧任务窗格中的第一个母版(比其他母版稍大)称为"幻灯片母版"，在其中进行的设置将应用于当前演示文稿中的所有幻灯片；其下方为该母版的版式母版(子母版)，如"标题幻灯片""标题和内容"(将鼠标指针移至母版上方，将显示母版名称，以及其应用于演示文稿的哪些幻灯片)等。在某个版式母版中进行的设置将应用于使用了对应版式的幻灯片中。用户可根据需要选择相应的母版进行设置，如图 3-5-1 所示。

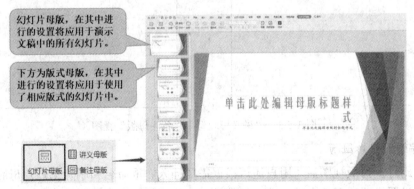

图 3-5-1　"幻灯片母版"视图

进入幻灯片母版视图后，可在幻灯片左侧窗格中单击选择要设置的母版，然后在右侧窗格中利用"开始""插入"等选项卡设置占位符的文本格式，或者插入图片、绘制图形并设置格式，还可利用"幻灯片母版"选项卡设置母版的主题和背景，以及插入占位符等，所进行的设置将应用于对应的幻灯片中，如图 3-5-2 所示。

图 3-5-2 "幻灯片母版"选项卡功能区

2) 应用讲义母版和备注母版

单击"视图"选项卡上"母版视图"组中的"讲义母版"或"备注母版"按钮，可进入"讲义母版"或"备注母版"视图，如图 3-5-3 所示。这两个视图主要用来统一设置演示文稿的讲义和备注的页眉、页脚、页码、背景和页面方向等，这些设置大多数与打印幻灯片讲义和备注页相关，我们将在任务六中具体学习打印幻灯片讲义和备注的方法。

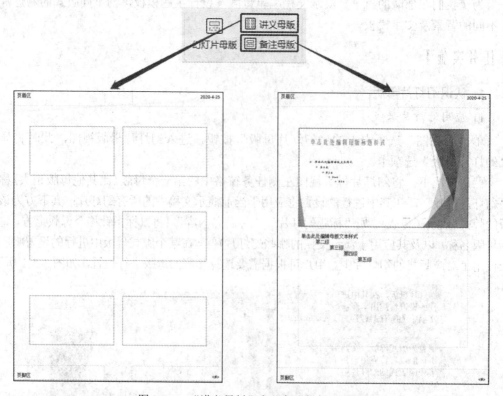

图 3-5-3 "讲义母版"和"备注母版"视图

2. 编辑幻灯片母版

进入幻灯片母版视图后，用户还可根据需要插入、重命名和删除幻灯片母版和版式母版，以及设置需要在母版中显示的占位符等。在新建了幻灯片母版或版式母版后，可将其应用于演示文稿中指定的幻灯片中。

要插入幻灯片母版，可在"幻灯片母版"选项卡中单击"插入母版"按钮，将在当前幻灯片母版之后插入一个幻灯片母版，以及附属于它的各版式母版，如图 3-5-4 所示。

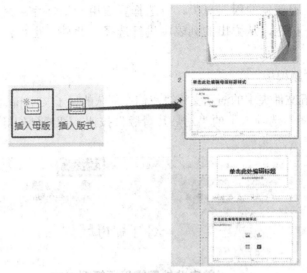

图 3-5-4 插入幻灯片母版

要插入版式母版，可先选中要在其后插入版式母版的母版，然后单击"编辑母版"组中的"插入版式"按钮。

要重命名幻灯片母版或版式母版，可在选中该母版后，单击"重命名"按钮，在弹出的对话框中输入新名称并单击"重命名"按钮，如图 3-5-5 所示。

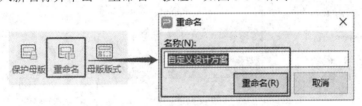

图 3-5-5 重命名版式名称

对于新建的幻灯片母版和版式母版，也可利用各选项卡为它们设置格式。例如，利用"幻灯片母版"选项卡的"背景"按钮为新建的幻灯片母版设置背景，此时其包含的各版式母版将自动应用该设置。

设置好新建的幻灯片母版和版式母版后，关闭母版视图。此时，若要为幻灯片应用新建的幻灯片母版，可单击"设计"中的"本文模板"按钮，弹出"本文模板"对话框，在此对话框中选择新建的幻灯片母版即可，如图 3-5-6 所示。

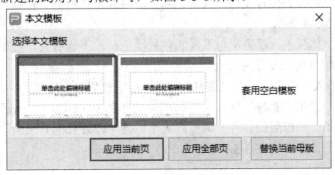

图 3-5-6 应用新建母版

　　要为幻灯片应用新建的版式母版，可选择要应用的幻灯片，然后单击"开始"选项卡中的"版式"按钮，从弹出的列表中进行选择。此外，也可直接利用该版式新建幻灯片。

3. 创意设计主题模板

　　(1) 打开任务五文件夹中的演示文稿"我们在部队的日子文本.pptx"。

　　(2) 单击"视图"选项卡下的"幻灯片母版"按钮，切换到幻灯片母版视图，如图3-5-7所示。

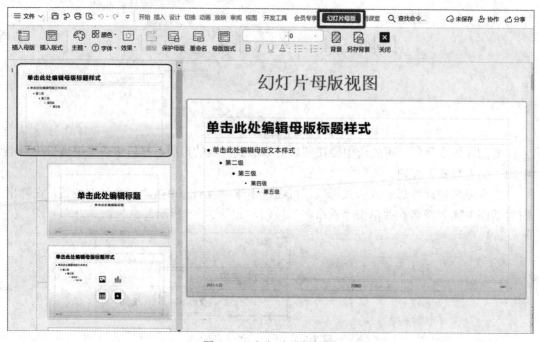

图 3-5-7　幻灯片母版视图

　　(3) 由于本演示文稿的各版式幻灯片背景图一致，所以可在幻灯片母版视图下，用右键单击第一张母版幻灯片，在快捷菜单中选择"设置背景格式"命令，弹出"对象属性"对话框。

　　(4) 在"对象属性"对话框中，选择"图片或纹理填充"单选按钮，单击"图片填充"后的"请选择图片"按钮，在下拉列表中选择"本地文件"，弹出"选择纹理"对话框，从"素材"文件夹中找到图片文件"背景.jpg"，并单击"打开"按钮，将背景图应用于所有版式，如图3-5-8所示。

　　此时，默认字体颜色为黑色，与设置的背景颜色反差不够明显，可在母版中将标题和内容的文本字体颜色统一设置为白色。

　　(5) 执行"插入"选项卡下的"图片"命令，在下拉列表中选择"本地图片"，弹出"插入图片"对话框，选中"素材"文件夹中的图片文件"士兵标志1.png"，单击"打开"按钮，将其插入第一张母版幻灯片，调整好大小后置于幻灯片的右上角。此时，所有版式幻灯片都将含有该图片，如图3-5-9所示。

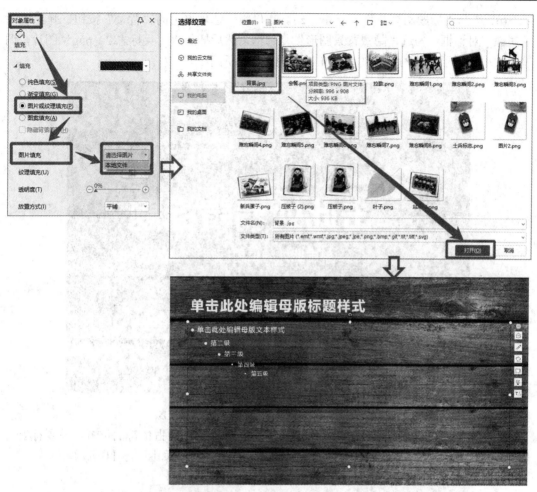

图 3-5-8 设置母版背景图片

图 3-5-9 为幻灯片母版插入图标

　　(6) 选择"标题幻灯片",单击"幻灯片母版"选项卡上的"背景"按钮,弹出"对象属性"对话框,勾选"隐藏背景图形"复选框,然后插入"士兵标志2.png"图片,调整好大小后置于版式幻灯片的左上角,如图3-5-10所示。

图 3-5-10　编辑"标题"版式中的图片元素

　　(7) 选择"标题幻灯片"版式,调整标题占位符和副标题占位符的位置,设置标题、副标题文本格式为"华文行楷",文本颜色为白色并加阴影,如图3-5-11所示。

图 3-5-11　编辑"标题"版式中的文本格式

　　(8) 选择"标题和内容"版式,调整标题占位符和副标题占位符的位置,设置标题、内容文本格式为黑体、加粗、倾斜、左对齐,文本颜色为白色并加阴影,如图3-5-12所示。

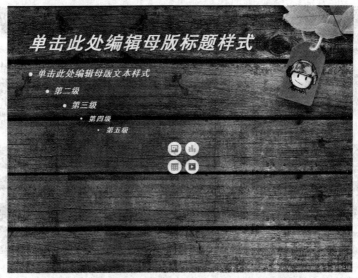

图 3-5-12 编辑"标题和内容"版式中的文本格式

4. 编辑各张幻灯片

(1) 关闭"幻灯片母版"视图,回到"普通视图"。

(2) 在幻灯片缩略图窗格中选中第一张幻灯片,按回车键后插入一张新幻灯片,选中最后一张幻灯片,连续按回车插入新幻灯片,直到最后一张幻灯片的序号为"10"。

(3) 右键单击第一张幻灯片,在"版式"快捷菜单中选择"标题幻灯片"版式。

(4) 用同样的方法,为第二与第十张幻灯片设置版式为"标题幻灯片",为第三至第九张幻灯片设置版式为"标题和内容"。

(5) 为第二张幻灯片插入文本框,设置不同字体样式,并绘制直线线条,效果如图3-5-13 所示。

图 3-5-13 第二张幻灯片效果图

(6) 为每张幻灯片插入相应的素材图片,并设置图片样式。效果如图 3-5-14 所示。

图 3-5-14　演示文稿效果图

任务六　为《我们在部队的日子》演示文稿设置动画

【学习目标】

(1) 掌握设置幻灯片的动画效果和切换效果的方法。
(2) 区别"进入""强调""退出""动作路径"等动画效果的应用。

【相关知识】

动画效果：给文本或对象添加特殊视觉或声音效果。可以将 WPS 演示文稿中的文本、图片、形状、表格、智能图形和其他对象制作成动画，赋予它们进入、退出、大小或颜色变化甚至移动等视觉效果。

自定义动画可以让标题、正文和其他对象以各自不同的方式展示出来，使制作的幻灯片具有丰富的动态感，从而使演示文稿变得生动而形象。

【任务说明】

在幻灯片中，可以给文字或图片加上动画效果。通过 WPS 的动画功能，可以任意调整文字或图片等对象出现的先后顺序以及出现方式等。使用超链接和动作按钮可以创建一个具有交互功能的演示文稿，可以链接到演示文稿中的其他页面，或其他演示文稿、其他类型的文件，甚至是网络中的某个网站。这样，按照自己的风格和思路设计出的幻灯片将变得更加与众不同。

【任务实施】

1. 为《我们在部队的日子》演示文稿添加自定义动画

（1）在普通视图模式下，单击第二张幻灯片的缩略图，使其成为当前幻灯片。

（2）单击"动画"选项卡中的"自定义动画"按钮，打开"自定义动画"窗格，由于事先没有选定幻灯片上的任何对象，因此"动画"选项卡中的动画效果呈灰色显示，暂时无法使用。

下面为第二张幻灯片中的各元素添加动画效果，包括"6 个名词"组合文本、竖线和六行标题文本。

（3）单击幻灯片中的"6 个名词"组合文本，选定该文本对象，如图 3-6-1 所示。此时功能区中的动画效果区域呈现可选状态，如图 3-6-2 所示。

图 3-6-1　选中要添加动画的元素

图 3-6-2　"动画效果"选项

(4) 单击"自定义动画"窗格中的"添加效果"下拉按钮，弹出"动画效果"列表，如图 3-6-3 所示。可在其中直接选择需要的动画效果。

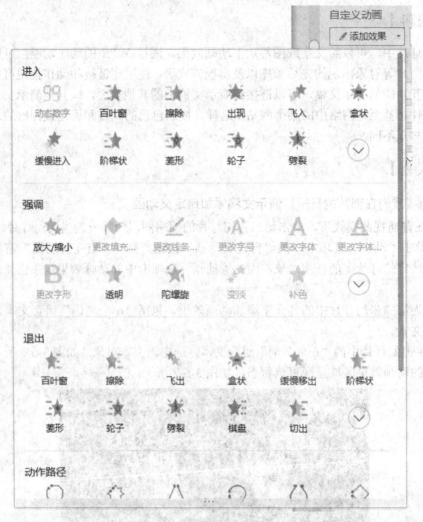

图 3-6-3 "动画效果"列表

或者选择"动画效果"选项右侧的下拉按钮，也可以打开"动画效果"列表。

"动画效果"列表中各选项的作用如下：

① 进入：用于设置文本或对象以何种方式出现在屏幕上。

② 强调：用于向幻灯片中的文本或对象添加特殊效果，这种效果是向观众突出显示该对象。

③ 退出：设置文本或对象以某种效果在某一时刻(如单击鼠标或其他方式触发时)从幻灯片中消失。

④ 动作路径：可以使选定的对象按照某一条定制的路径运动而产生动画。

(5) 单击"动画效果"列表中"进入"动画的"更多选项"按钮，列出所有的"进入"动画，在"华丽型"中选择"弹跳"效果，如图 3-6-4 所示。选择之后，会在幻灯片中自动播放该动画效果。

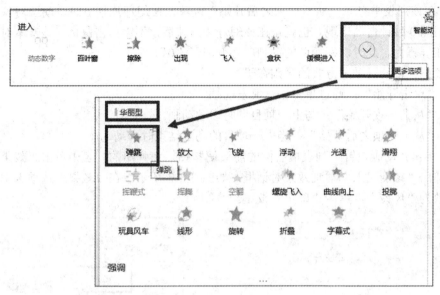

图 3-6-4　添加"进入"动画

　　此时，在"自定义动画"窗格的列表中出现了编号为"1"的动画效果，如图 3-6-5 所示。该编号代表放映幻灯片时动画效果出现的先后次序。单击该动画右侧的倒三角或鼠标右键单击该动画，会弹出"动画设置"列表，如图 3-6-6 所示。

图 3-6-5　"自定义动画"列表

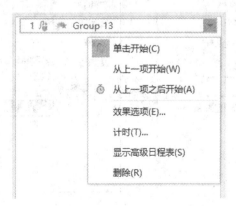

图 3-6-6　"动画设置"列表

(6) 在该列表中选择"从上一项之后开始"选项，在幻灯片播放时，动画对象在前一事件后间隔 0 秒钟自动出现。也就是在该幻灯片放映后，不需单击鼠标，该文本对象会自动出现在屏幕上。此时，标题前的动画序号变成了"0"。

列表中三种动画触发方式的区别在于：

① "单击开始"：通过单击鼠标触发动画。

② "从上一项开始"：与上一项目同时启动动画。

③ "从上一项之后开始"：当上一项目的动画结束时启动动画。

(7) 单击"动画设置"列表框右侧的箭头 ☑ 按钮，在弹出的列表中单击"效果选项"按钮，弹出"螺旋飞入"动画效果对话框，如图 3-6-7 所示。在"效果"选项卡中设置其动画音效为"风铃"，单击"确定"按钮。

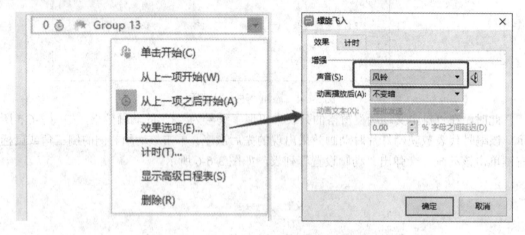

图 3-6-7　动画"效果选项"命令及其对话框

(8) 右键单击动画窗格中的该动画，在列表中选择"计时"命令，在弹出的对话框中单击"速度"右侧的倒三角按钮，在展开的列表中选择"快速(1 秒)"，设置对象动画的速度，如图 3-6-8 所示。也可以直接输入动画时间。

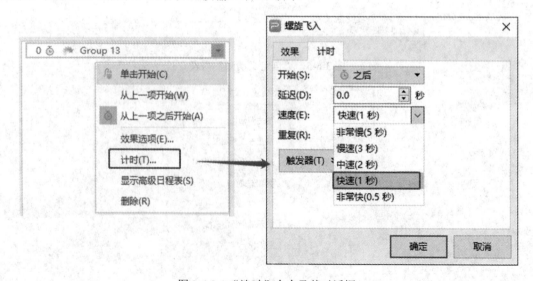

图 3-6-8　"计时"命令及其对话框

(9) 按照上述方法，选定第二张幻灯片中的标题文本，给其添加"渐变"进入效果，设置为"从上一项之后开始"开始动画，速度为"快速"，如图 3-6-9 所示。

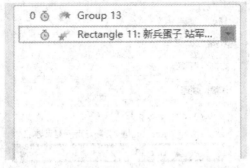

图 3-6-9　设置标题文本的"渐变"动画参数

(10) 设置文本的"渐变"动画效果，在"效果"选项卡中，设置动画文本为"按字母"，在"计时"选项卡中设置延迟为"0.5"秒，如图 3-6-10 和图 3-6-11 所示。

图 3-6-10　设置动画文本为"按字母"

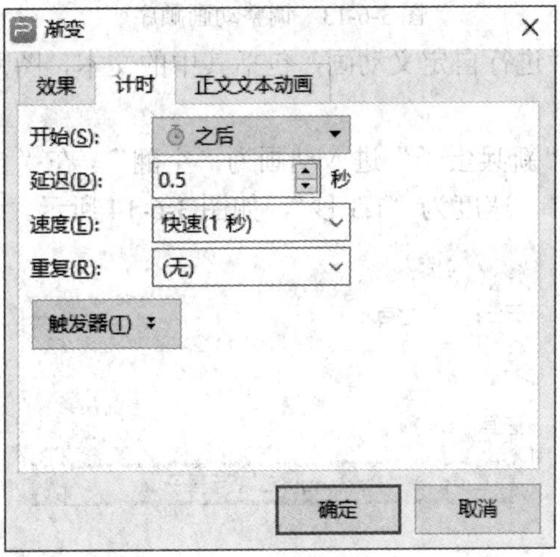

图 3-6-11　设置标题文本延迟的时间

(11) 选定第二张幻灯片中的线条，添加进入效果"擦除"，设置开始选项为"之后"，方向选项为"自顶部"，速度为"快速"，如图 3-6-12 所示。

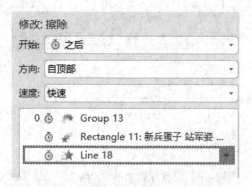

图 3-6-12　设置线条"擦除"动画效果

(12) 调整动画顺序。选定动画窗格列表中的第二个动画，单击动画窗格下方的"重新排序"右侧的下移按钮，将其移至最后。此时的动画顺序变为，先是"6 个名词"文本，然后是竖线的"擦除"，最后是内容文本的"渐变"，如图 3-6-13 所示。单击动画窗格中的"播放"按钮，观看所设置的动画效果。

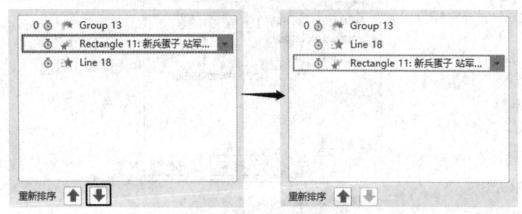

图 3-6-13　调整动画顺序

继续对第三张幻灯片进行自定义动画，包括其中的文本，图片等元素，可尝试不同的动画效果。

(13) 设置标题文本"新兵蛋子"进入动画为"空翻"，在"自定义动画"窗格中设置"开始"选项为"之后"，速度为"1.3 秒"，如图 3-6-14 所示。

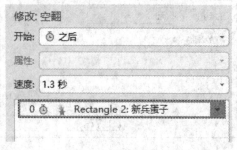

图 3-6-14　第三张幻灯片标题文本动画设置

(14) 设置该张幻灯片图片的进入动画为"渐变"，开始为"单击时"；设置内容文本"刚入伍时…"进入动画为"挥鞭式"，"单击时"开始动画，如图 3-6-15 所示。

图 3-6-15　第三张幻灯片图片和内容文本动画设置

按照以上方法将第 4～8 张幻灯片中的元素设置动画效果。

下面对第九张幻灯片设置自定义动画。该幻灯片包含了一个标题文本和八张相互叠加的图片。

(15) 选定第九张幻灯片，按"Ctrl+A"组合键将页面中的文本及图片全部选中，添加"进入"动画为"渐变"，设置为"之后"开始动画效果，速度为"快速(1 秒)"，延迟为"0.5"秒，如图 3-6-16 所示，按照制作幻灯片时插入元素的顺序设置相应的动画顺序。

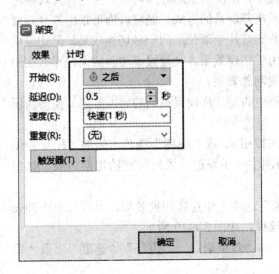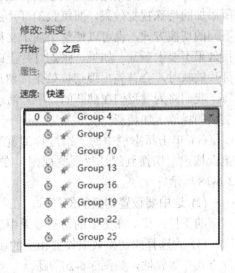

图 3-6-16　设置第九张幻灯片各元素的进入动画

(16) 选定第九张幻灯片，按"Ctrl+A"键将页面中的文本及图片全部选中，按住"Shift"键的同时单击标题文本，取消选择标题文本，只选择所有图片，给其添加退出动画为"渐变"，设置动画的开始均为"之后"，然后通过鼠标拖曳动画窗格中不同图片动画效果的方式，调整图片的退出顺序为倒序退出，如图 3-6-17 所示。最终效果为图片一张张渐变出现，然后一张张渐出。

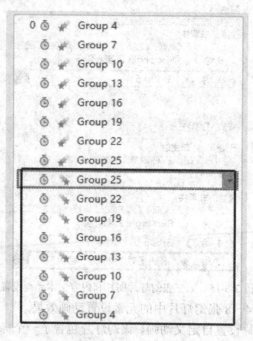

图 3-6-17　设置第九张幻灯片各图片的退出动画

(17) 按"F5"键放映演示文稿，感受具有动态效果的演示文稿与静态演示文稿的差别。

2. 为演示文稿设置幻灯片切换动画

幻灯片切换效果是指在演示文稿放映过程中，由前一张幻灯片向后一张幻灯片转换时所添加的特殊视觉效果，即每张幻灯片进入或离开屏幕的方式。既可以为每张幻灯片设置不同的切换方式，也可以使整个演示文稿中的幻灯片全部使用同一种切换效果。但切记切换效果不要太杂乱。如果一张幻灯片上既使用了切换效果，又设置了动画效果，那么在幻灯片放映时，会首先出现切换效果，然后出现动画效果。

我们将为《我们在部队的日子》演示文稿中的幻灯片设置不同的切换方式，使得演示文稿的播放更加精彩。

(1) 单击状态栏中的"幻灯片浏览"视图按钮 ▦ 或"视图"选项卡中的"幻灯片浏览"按钮，切换到幻灯片浏览视图，在该视图中便于快速设置幻灯片的切换效果，如图 3-6-18 所示。

(2) 选中要设置切换的幻灯片，在"切换"选项卡中选择切换效果，也可以单击列表右侧的下拉按钮，在更多的切换效果中进行选择，如图 3-6-19 所示。

(3) 为选择的切换效果设置相应的属性，如"效果选项""声音""速度"以及"换片方式"等属性，如图 3-6-20 所示。

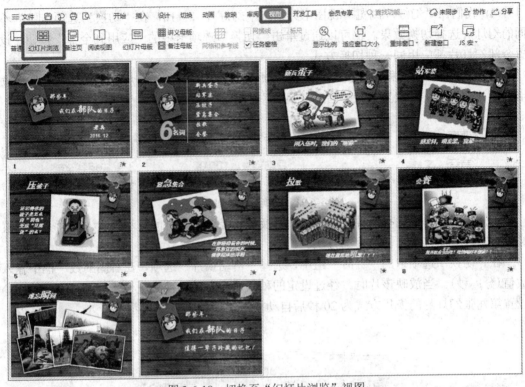

图 3-6-18　切换至"幻灯片浏览"视图

图 3-6-19　幻灯片切换效果列表

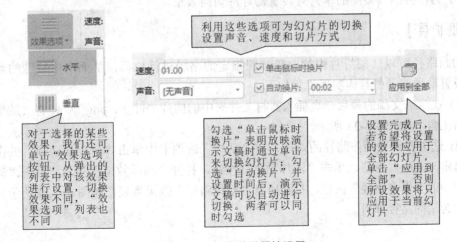

图 3-6-20　切换效果属性设置

（4）我们在"幻灯片浏览"视图中分别选中幻灯片 1～10，在"切换"选项卡中为不同的幻灯片选择切换效果。也可以通过单击"切换"选项卡中的"应用到全部"按钮，设置全部幻灯片都应用同一种切换方式。

（5）设置完演示文稿的切换方式及相应属性后，选中第九张幻灯片，在"切换"选项卡的"计时"组中，设置切换声音为"风铃"，速度为"01.50"，如图 3-6-21 所示。

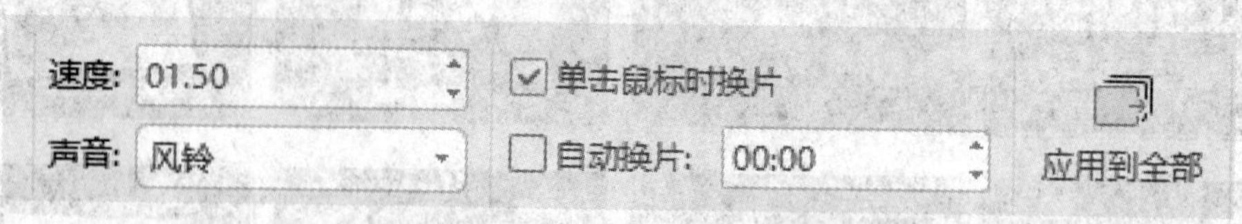

图 3-6-21　切换效果计时设置

小知识：换片方式有两种，单击鼠标时换片和经过一定时间自动换片。下面介绍设置经过一段时间幻灯片自动换片的方法。

在"切换"选项卡的"计时"组中，选择"自动换片"选项，在右侧的数字框中输入数值(分：秒)。当放映该片时，经过设定的秒数后会自动切换到下一张幻灯片。在这里，设置第九张幻灯片的换片方式为 20 秒后自动换片，如图 3-6-22 所示。

图 3-6-22　设置"换片方式"

（6）单击屏幕左下角的"幻灯片放映"按钮 ▶，播放第九张幻灯片。伴随着悦耳的风铃声，这张幻灯片将慢慢展现在屏幕上，经过 20 秒后自动切换到第十张幻灯片。

【课堂练习】

（1）为任务四《美丽的军营》中各个幻灯片的文本及图片元素设置动画效果。

（2）为任务四《美丽的军营》设置幻灯片切换效果。

【知识扩展】

动画路径可以让幻灯片中的对象按照指定的路径进行位移，从而产生特殊的动态效果。设置动画路径的具体实现步骤如下：

（1）在演示文稿的最后一页插入素材文件夹中的图片"叶子．png"，并将其放置于幻灯片右上角，如图 3-6-23 所示。

（2）选中要设置动作路径的对象，在"动画"选项卡中单击"自定义动画"按钮。打开"自定义动画"窗格，单击"添加动画"按钮，打开"动画效果"列表，单击"动作路径"组中的"更多路径"按钮，打开所有"动作路径"效果列表，如图 3-6-24 所示。在其中选择合适的路径即可。

图 3-6-23 插入"叶子"图片

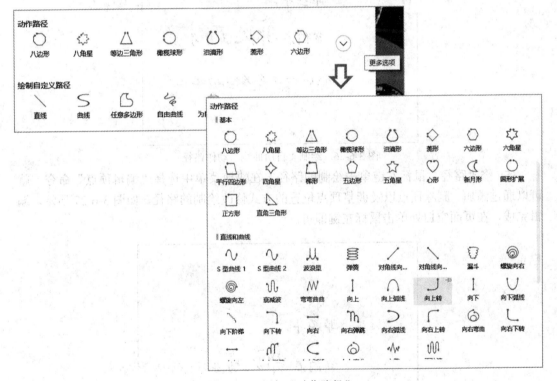

图 3-6-24 添加"动作路径"

(3) 也可以自行绘制"自定义路径",即在列表中的"绘制自定义路径"组中选择相应的选项即可,如图 3-6-25 所示。

(4) 绘制路径。选择"自定义路径"后,光标会变成"笔"的形状,从叶子图片的中心位置开始,按下鼠标左键,以拖曳的方式绘制动作路径。

结束绘制时,请执行下列操作之一:

① 如果希望结束绘制图形路径或曲线路径并使其保持开放状态,可在任何时候双击。

② 如果希望结束直线或自由曲线路径,请释放鼠标按钮。

③ 如果希望封闭某个形状，请在起点处单击。

这里我们选择绘制"自定义路径"，绘制如图 3-6-26 所示的曲线，该图为了清晰显示路径，忽略了幻灯片背景。

绘制自定义路径

直线　　曲线　　任意多边形　　自由曲线　　为自选图...

图 3-6-25　"绘制自定义路径"选项

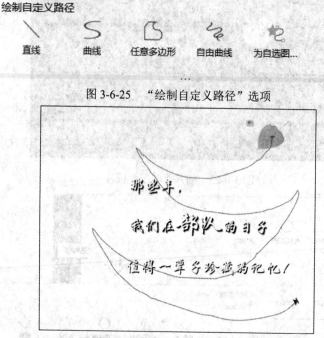

图 3-6-26　绘制"自由曲线"动作路径

(5) 修改路径。鼠标右键单击绘制的路径，在快捷菜单中选择"编辑顶点"命令，就可以通过添加、删除顶点以及调整顶点位置的方式修改绘制的路径，如图 3-6-27 所示。编辑完成，在页面空白处单击鼠标左键即可。

图 3-6-27　编辑路径顶点

(6) 设置路径动画属性。将该路径的动画开始设置为"之后"，速度为"15.0 秒"，如图 3-6-28 所示。

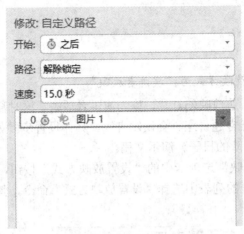

图 3-6-28　设置"自定义路径"动画

(7) 为了使树叶的飘落动画更加逼真，可以给叶子图片添加一个强调动画"陀螺旋"。 设置该动画开始为"同时"，速度为"15.0 秒"。按"Shift+F5"键可以直接放映该幻灯片。

任务七　发布和打印《我们在部队的日子》演示文稿

【学习目标】

(1) 掌握设置演示文稿的放映方式的方法。
(2) 掌握在演示文稿播放过程中灵活控制进程以及自定义放映的方法。
(3) 掌握打印演示文稿以及打包输出演示文稿等操作。

【相关知识】

放映：将制作好的演示文稿进行整体演示，这样可以检验幻灯片内容是否准确和完整，内容显示是否清楚，动画效果是否达到预期的目的等。放映是演示文稿制作过程当中非常重要的一环。

演示文稿输出：在制作完成后，需要将其进行输出，输出方式主要有输出为 PDF 和文稿打印两种。

【任务说明】

制作完成的演示文稿，不仅可以在电脑上播放，而且可以通过投影仪在大屏幕上展示给更多的人看。根据播放地点、观看对象和播放设备的不同，可以采用不同的放映方式，并且在播放过程中可以根据需要自由控制播放进程。演示文稿还可以按幻灯片、讲义等打印出来，使演讲者准备的更加充分。还可以打包演示文稿，使演示文稿在其他未安装播放器的计算机上也能播放。

【任 务 实 施】

1. 设置放映方式

1) 设置演示文稿的放映方式为"演讲者放映"

演讲者一边讲解，一边放映幻灯片，称为演讲者放映。这时演讲者可以完全控制幻灯片的放映过程，一般用于专题讲座、会议发言等。具体设置步骤如下：

(1) 打开《我们在部队的日子》演示文稿。

(2) 单击"幻灯片放映"选项卡中的"设置放映方式"按钮，或是单击"设置放映方式"右侧的按钮，在打开的列表中选择"设置放映方式"命令，弹出"设置放映方式"对话框，如图 3-7-1 所示。

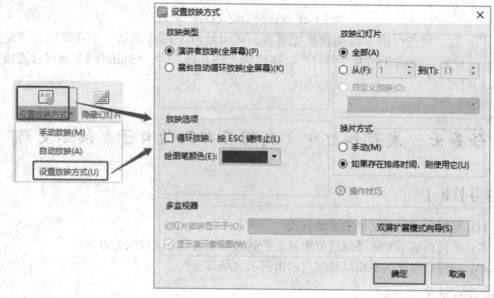

图 3-7-1 "设置放映方式"对话框

(3) 在"放映类型"栏中，选中"演讲者放映(全屏幕)"单选按钮，为演示文稿选择该放映方式。

(4) 在"放映选项"栏中，如果勾选"循环放映，按 ESC 键终止"复选框，在播放完演示文稿最后一张幻灯片后，会自动返回第一张幻灯片继续播放，直到按"ESC"键结束放映。

(5) 在"放映幻灯片"栏中选中"全部"单选项，在放映时会播放演示文稿中的所有幻灯片。

如果只播放演示文稿中的部分幻灯片，可选中 ⦿从(F): 1 ⬦ 到(T): 10 ⬦ 并输入幻灯片的起始页码和终止页码，例如，⦿从(F): 2 ⬦ 到(T): 7 ⬦ ，那么放映演示文稿时就只播放第 2～7 张幻灯片。

(6) 选择"换片方式"为"手动"。

如果选中"手动"单选项，放映演示文稿的过程中，必须单击鼠标才能切换幻灯片。

如果选中"如果存在排练时间，则使用它"，在放映演示文稿时，幻灯片就会按照你预先设定的排练时间自动切换。

(7) 单击"确定"，完成对《我们在部队的日子》演示文稿设置放映方式的操作。

2) 设置放映方式为"展台自动循环放映(全屏幕)"

"展台自动循环放映(全屏幕)"方式将全屏模式放映幻灯片，并且循环放映，不能单击鼠标手动演示幻灯片，通常用于展览会场或在会议中运行无人管理幻灯片演示的场合中。

(1) 打开《我们在部队的日子》演示文稿。

(2) 打开"设置放映方式"对话框。

(3) 在"放映类型"栏中选中"展台自动循环放映(全屏幕)"单选项。

(4) 在"放映幻灯片"栏中的 ⊙ 从(F): 1 到(T): 8 设置放映幻灯片的起始位置和终止位置。

(5) 单击"确定"按钮，完成放映方式的设置。

(6) 放映演示文稿，比较这种方式和演讲者放映方式的异同。

(7) 按"ESC"键结束演示文稿放映，返回到幻灯片编辑状态。

2. 播放演示文稿的常用操作

在演示文稿播放过程中，使用系统提供的快捷菜单可以非常方便地控制幻灯片的播放过程，并能在幻灯片上书写与绘画。

1) 控制演示文稿放映进程

放映过程中，通过单击鼠标左键或选择单击鼠标右键弹出的快捷菜单中的"下一张""上一张"命令，可实现向前或向后放映幻灯片。还可以利用快捷键来控制放映进程，常见快捷键见表 3-7-1 所示。

表 3-7-1　常用快捷键

快　捷　键	主　要　功　能
F5	从第一页开始播放幻灯片
Shift+F5	从当前页开始播放幻灯片
Home	切换到第一张幻灯片
End	切换到最后一张幻灯片
Esc	结束演示文稿的放映
PageDown 或空格键	切换到下一张幻灯片
PageUp 或 P 键	切换到上一张幻灯片

若需在放映时定位到某一张幻灯片，可以在放映过程中单击鼠标右键，在弹出的快捷菜单中选择"定位"命令，在子菜单中定位具体幻灯片即可，如图 3-7-2 所示。

2) 在放映时写字、绘画及清除笔迹

在幻灯片放映过程中可以自由绘制线条和图形作为强调某点的注释。

(1) 在幻灯片放映视图中，单击鼠标右键弹出播放控制快捷菜单，选择"指针选项"命令，在子菜单中选择"箭头""荧光笔"等命令之一，指针变成"画笔"形状，如图 3-7-3 所示。按住鼠标左键并拖动，就可以利用"画笔"在放映的幻灯片上做记号或进行标注，如图 3-7-4 所示。还可以根据情况选择不同的"画笔"颜色，如图 3-7-5 所示。

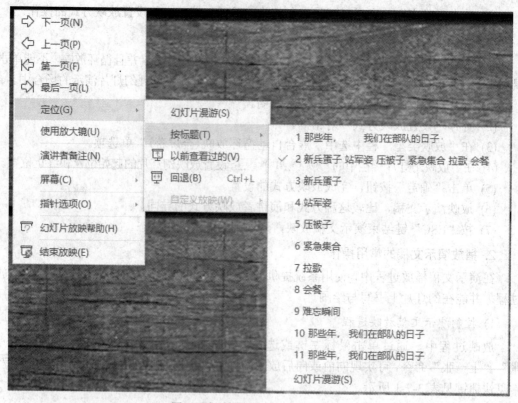

图 3-7-2　　"定位至幻灯片"命令

图 3-7-3　指针选项　　　　　　　　　　图 3-7-4　用画笔在放映时进行标注

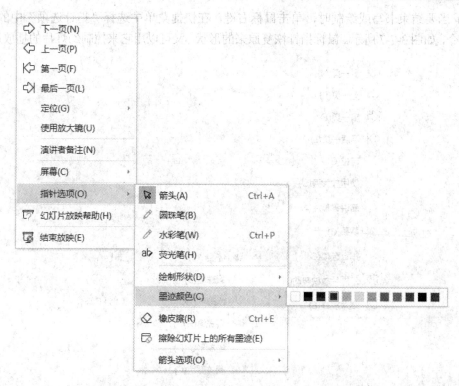

图 3-7-5 设置"画笔"颜色

(2) 在幻灯片中进行书写或绘画后，单击鼠标右键，在快捷菜单中选择"指针选项"中的"橡皮擦"或"擦除幻灯片上的所有墨迹"命令，即可擦除笔迹，如图 3-7-6 所示。

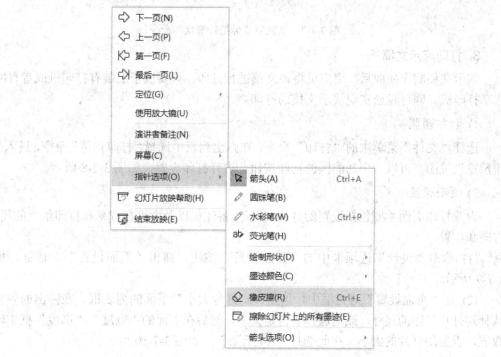

图 3-7-6 "擦除笔迹"命令

(3) 当要结束书写或绘制时，单击鼠标右键，在快捷菜单中选择"指针选项"中的"箭头"命令，如图 3-7-7 所示。鼠标指针恢复原来的形状，又可以用它来控制幻灯片的播放进程。

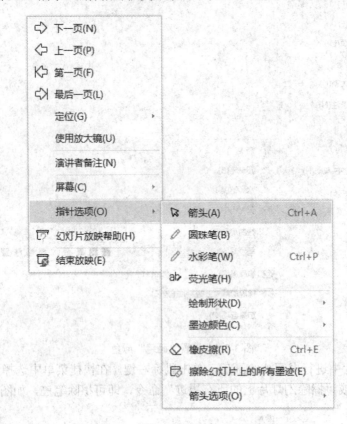

图 3-7-7　"恢复鼠标指针形状"命令

3. 打印演示文稿

演示文稿制作完成后，用户可将该文稿进行打印。只要机子上装有打印机或者有网络共享打印机，即可轻松实现演示文稿的打印。

1) 打印预览

选择"文件"菜单中的"打印"命令，在弹出列表中选择"打印预览"命令，进入"打印预览"视图，可以利用功能区的功能按钮，进行打印设置，如图 3-7-8 所示。

2) 页面设置

设置打印页面主要包括设置幻灯片、讲义、备注页以及大纲在屏幕和打印纸上的尺寸、方向和位置。

(1) 单击"设计"选项卡中的"页面设置"按钮，弹出"页面设置"对话框，如图 3-7-9 所示。

(2) 在"页面设置"对话框中，单击"幻灯片大小"下面的列表框，在弹出的列表中选择幻灯片打印的尺寸，或是选择"自定义"，然后在下面的"宽度""高度"框中输入数值，设置幻灯片的大小。在此选择"A4 纸张"，如图 3-7-10 所示。

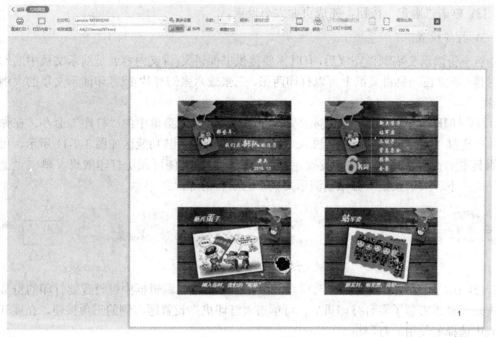

图 3-7-8 打印预览

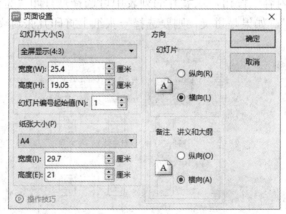

图 3-7-9 "页面设置"对话框

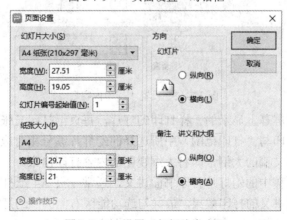

图 3-7-10 设置"幻灯片大小"

(3) 单击"确定"按钮,完成页面大小设置。

3) 打印设置

当一份演示文稿制作完成后,有时需要提供书面讲义(讲义内容就是演示文稿中的幻灯片内容,通常在一页讲义纸上可以打印两张、三张或六张幻灯片)或打印演示文稿的大纲以及备注等。

(1) 打开要进行打印操作的演示文稿,选择"文件"菜单中的"打印"命令,在弹出列表中选择"打印预览"命令,进入"打印预览"视图,其功能区如图 3-7-11 所示,可以利用其中的命令按钮进行打印设置,完成后在该界面右侧可预览打印效果,单击"上一页"或"下一页"按钮,可预览演示文稿中的所有幻灯片。

图 3-7-11 "打印预览"功能区

(2) 在功能区中可设置打印选项。其中,在"份数"编辑框中可设置要打印的份数;当本地计算机安装了多台打印机后,可单击"打印机"设置区右侧的三角按钮,在展开的列表中选择要使用的打印机。

(3) 单击"打印内容"按钮,在展开的列表中可选择是打印"整张幻灯片""备注页""大纲"还是"讲义"。如果是讲义,则要选择一张纸上打印几张讲义,如图 3-7-12 所示。

图 3-7-12 设置"打印内容"

整张幻灯片:像屏幕上显示的一样打印幻灯片,每页纸打印一张幻灯片。

备注页:用于打印与"打印范围"中所选择的幻灯片编号相对应的演讲者备注。

大纲:打印演示文稿的大纲,即将大纲视图的内容打印出来。

讲义:为演示文稿中的幻灯片打印书面讲义,通常一页 A4 纸打印三张或四张幻灯片比较合适。为了增强讲义的打印效果,最好勾选功能区右侧的"幻灯片加框"复选项,这样能为打印出的幻灯片加上一个黑色的边框,如图 3-7-13 所示。

图 3-7-13 幻灯片加框

4. 输出《我们在部队的日子》演示文稿

WPS 演示软件中输出演示文稿的相关操作主要包括打印、打印和发布。通过演示文稿的输出，让制作出来的演示文稿不仅能直接在计算机中展示，还可以供用户在不同的位置或环境中使用浏览。

1) 将《我们在部队的日子》转换为 PDF 文档

(1) 打开"我们在部队的日子"演示文稿，单击"文件"按钮，在下拉菜单中选择"输出为 PDF"选项。

(2) 打开"输出 PDF 文件"对话框，在列表区域列出正打开的演示文稿，也可以单击"添加文件"按钮，选择需要的其他演示文稿，这里勾选"我们在部队的日子"演示文稿；在对话框下方的"保存目录"处，可以单击右侧的按钮选择设置保存目录，这里使用默认的"原文件目录"，单击"开始输出"按钮，即可将演示文稿转换为 PDF 文件，如图 3-7-14 所示。

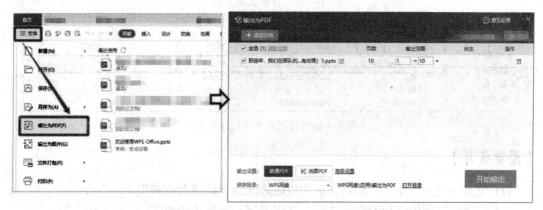

图 3-7-14 输出为 PDF

2) 将《我们在部队的日子》演示文稿打包

将演示文稿打包后，复制到其他计算机中，即使该计算机没有安装 WPS 软件，也可以播放该演示文稿。下面将《我们在部队的日子》演示文稿打包，具体操作步骤如下：

(1) 打开《我们在部队的日子》演示文稿，选择"文件"，在打开的下拉菜单中选择"文件打包"选项，在打开的列表中选择"将演示文档打包成文件夹"选项。

(2) 打开"演示文件打包"对话框，其中"文件夹名称"默认为"我们在部队的日子"，"位置"也默认为演示文稿所在的文件夹，这里全部选择默认，单击"确定"按钮，弹出"已完成打包"对话框，提示打包成功，单击"关闭"按钮即可，如图 3-7-15 所示。

(3) 打包完成后，然后会在我们指定路径生成一个文件夹，如图 3-7-16 所示。

小知识：

在 WPS 演示中，除了可以将演示文稿打包成文件夹外，还可以将其打包为压缩文件，方法为：单击"文件"按钮，选择"文件打包"→"将演示文档打包成压缩文件"选项，弹出"演示文件打包"对话框，在其中设置好文件名称和文件的保存位置后，单击"确定"按钮，即可将演示文稿打包成压缩文件。

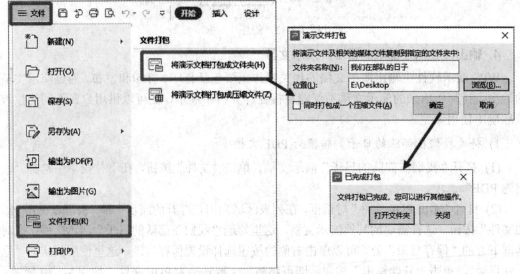

图 3-7-15　打包演示文稿

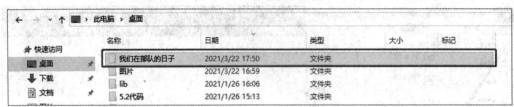

图 3-7-16　打包后生成的文件夹

【课堂练习】

(1) 设置《美丽的军营》演示文稿的放映方式为"演讲者放映"。

(2) 在放映过程中进行幻灯片切换、文字书写和绘画等操作。

(3) 打印演示文稿的讲义，设置为每张四页幻灯片。

(4) 将演示文稿打包到文件夹"美丽的军营"，放在 D 盘根目录下。

习　　题

一、选择题

1. WPS 演示的主要功能是(　　)。

A. 电子演示文稿处理　　　　　　　　B. 声音处理

C. 图像处理　　　　　　　　　　　　D. 文字处理

2. 利用 WPS 演示制作出来的文件叫做(　)，演示文稿中的一页叫作一张(　)。

A. 幻灯片　　　　B. 演示文稿　　　　C. 讲义　　　　D. 动画

3．下列不是合法的"打印内容"选项的是(   )。

A．幻灯片　　　　　　B．备注页　　　　　　C．讲义　　　　D．动画

4．在使用 WPS 演示制作多媒体课件时，为了方便浏览从一个页面跳转到另一个指定页面，合适的方式是(   )。

A．设置超链接　　　　　　　　　B．进行页面设置

C．自定义动画　　　　　　　　　D．添加新页面

5．按(   )键可以从当前页开始放映，而不用从头播放。

A．Enter　　　　　　B．F5　　　　　　C．Shift+F5　　　　　D．空格

6．在 WPS 演示中，"视图"这个名称表示(   )。

A．一种图形　　　　　　　　　　B．显示幻灯片的方式

C．编辑演示文稿的方式　　　　　D．一张正在修改的幻灯片

7．在 WPS 编辑状态，采用拖动鼠标的方式进行复制，要先按住(   )键。

A．Ctrl　　　　B．Shift　　　　C．Alt　　　　D．Tab

8．WPS 演示的设计模板包含(   )。

A．预定义的幻灯片版式　　　　　B．预定义的幻灯片背景颜色

C．预定义的幻灯片配色方案　　　D．预定义的幻灯片版式和配色方案

9．在 WPS 演示中，"背景"设置中的"填充效果"不能处理的效果是(   )。

A．图片　　　　B．图案　　　　C．纹理　　　　D．文本和线条

10．要从一张幻灯片"溶解"到下一张幻灯，应使用"幻灯片放映"菜单的(   )命令。

A．动作设置　　　　　　　　　　B．动画方案

C．幻灯片切换　　　　　　　　　D．自定义动画

二、判断题

1．WPS 演示中，设置好的切换效果只能应用于一张幻灯片。(   )

2．在 WPS 演示中，可以为文字、图片、文本框设置动画。(   )

3．超级链接只可以链接到网站地址。(   )

4．如果希望在演示过程中终止幻灯片的放映，则随时可以按空格键来实现。(   )

5．关于自定义动画，不仅可以调整顺序，而且可以设置音效和其他参数。(   )

参 考 文 献

[1]　冯寿鹏，等．计算机信息技术基础[M]．西安：西安电子科技大学出版社．2014.

[2]　冯寿鹏，等．计算机软硬件技术基础[M]．西安：西安电子科技大学出版社．2019.

[3]　冯寿鹏，等．实用办公软件[M]．西安：西安电子科技大学出版社．2019.

[4]　高艳萍．办公软件应用[M]．北京：机械工业出版社．2020.

[5]　叶苗群．办公软件高级应用与多媒体案例教程[M]．北京：清华大学出版社．2015.

[6]　祝朝映．办公软件应用项目教程[M]．北京：科学出版社．2017.

[7]　陈宝明，等．办公软件高级应用与案例精选[M]．北京：中国铁道出版社．2016.

[8]　谭有彬，等．WPS Office 2019 高效办公[M]．北京：电子工业出版社．2019.

[9]　吴新华，等．计算机基础与应用[M]．北京：清华大学出版社．2018.

[10] 曾陈萍，等．大学计算机应用基础（Windows 10+WPS Office 2019）[M]．北京：人民邮电出版社．2021.

[11] IT 时代教育．WPS Office 办公应用[M]．北京：中国水利水电出版社．2019.

[12] 李岩松．WPS Office 办公应用[M]．北京：清华大学出版社．2019.

[13] 肖若辉，等．WPS 办公软件实例应用[M]．北京：冶金工业出版社．2020.

[14] 周斌．WPS Office 效率手册[M]．北京：人民邮电出版社．2018.